机械制图绘图技能与实例解析

施冠羽 欧阳清 刘桂峰 张 瑜 编著

崔汉国 主审

国防工业出版社

·北京·

内 容 简 介

本书系统介绍了制图的基本知识和绘图技能,从绘制零件图的需要出发,介绍了常用件和标准件的画法,通过100多种零件图实例的分析,分类介绍了各种结构在零件图中的表达和应用,并简单介绍了装配图的画法。本书是为完成"工程制图"和"机械制图"课程学习的学生进一步提高绘图、读图能力而编写的,可作为"机械制图技能与训练"等课程的教材;书中收集整理了大量历届各类图学大赛的图例,因而也可作为"全国大学生先进成图技术与产品信息建模创新大赛"的培训教材。

图书在版编目(CIP)数据

机械制图绘图技能与实例解析/施冠羽等编著.—北京:
国防工业出版社,2014.7
ISBN 978-7-118-09480-0

Ⅰ.①机… Ⅱ.①施… Ⅲ.①机械制图 Ⅳ.①TH126

中国版本图书馆 CIP 数据核字(2014)第 135483 号

※

国防工业出版社出版发行
(北京市海淀区紫竹院南路23号 邮政编码100048)
三河市鑫马印刷厂
新华书店经售

*

开本787×1092 1/16 印张10¼ 字数236千字
2014 年 7 月第 1 版第 1 次印刷 印数1—3000 册 定价32.00 元

(本书如有印装错误,我社负责调换)

国防书店:(010)88540777   发行邮购:(010)88540776
发行传真:(010)88540755   发行业务:(010)88540717

前　言

本书是为完成"工程制图"和"机械制图"课程学习的学生进一步提高绘图、读图能力而编写的,可作为"机械制图技能与训练"等课程的教材。同时,本书也可作为学生参加"全国大学生先进成图技术与产品信息建模创新大赛"的培训教材。

众所周知,近二十年来计算机图形技术的飞速发展和迅速应用给大学工程制图课程的教学带来了根本性的变革。计算机绘图的广泛应用和工程实际中的普及,无疑降低了对手工绘图的要求,也使得许多高校在"工程制图"课程中大大缩减了绘图教学和训练的比重。然而,多年来的教学实践也反映出了由此带来的学生空间思维能力不足、工程素养欠缺等种种负面影响。因此,近年来,在高校图学界关于计算机时代的工程图学教学中加强传统的手工绘图能力培养的呼声又高涨起来。进一步探讨手工绘图在工程图学教学中的地位和作用、如何将手工绘图与图学教育、计算机绘图有机结合起来等也是近年来图学教育的研究热点之一。总之,基本的手工绘图训练在提高空间思维能力、加强工程素养培养中的作用是显而易见的,也是学员应该掌握的基本技能。目前,每年举办的"全国大学生先进成图技术与产品信息建模创新大赛"都有100多所院校参加,而且规模还在不断扩大,这也从一个侧面反映了各院校对绘图能力培养和提高学生工程素养的重视。

在近年的课程教学实践和图形大赛培训中,我们感到迫切需要一本系统介绍绘图技能和大量图样实例的教材,特别是近年制图国家标准有不少更新,而采用新国家标准的图样实例更是难寻。基于此,我们编写了本书。本书中首先系统介绍了制图的基本知识和绘图技能,然后,从绘制零件图的需要出发,介绍了常用件和标准件的基本画法,最后通过100多种零件图实例的分析,分类介绍了各种结构在零件图中的表达和应用,并简单介绍了装配图的画法。

本书采用最新的《技术制图》和《机械制图》国家标准。

全书共分5章。第1章介绍制图的基本知识和技能;第2章介绍轴测图的特点和绘制方法;第3章介绍机械工程中通用零部件的画法;第4章以大量零件图实例介绍了工程中常见的零件结构及其表达方法的分析;第5章介绍装配图的绘制和一些装配图实例。

教育部工程图学课程教学指导委员会副主任委员崔汉国教授对本书进行了认真细致的审阅,提出了许多宝贵的意见与建议,在此表示衷心感谢。

在本书编写过程中,通过各种途径收集和整理了大量零件图实例,书中也难以一一指明出处,在此对原作者表示衷心感谢。

由于编者水平所限,书中不足之处在所难免,恳请读者批评指正。

编者
2014年4月

目　录

第 1 章　制图的基本知识和基本技能 ·· 1

1.1　制图的基本规定 ··· 1

1.1.1　图纸幅面和图框格式（GB/T 14689—2008） ················ 1

1.1.2　标题栏和明细栏（GB/T 10609.1—2008, GB/T 10609.2—2009）············ 1

1.1.3　比例（GB/T 14690—1993） ···························· 3

1.1.4　字体（GB/T 14691—1993） ···························· 4

1.1.5　图线（GB/T 17450—1998, GB/T 4457.4—2002） ············ 5

1.1.6　尺寸注法（GB/T 16675.2—1996, GB/T 4458.4—2003） ········ 7

1.2　徒手绘图基本技能 ··· 18

1.2.1　概述 ·· 18

1.2.2　徒手绘图的技巧 ·· 18

1.3　尺规绘图基本技能 ··· 21

1.3.1　绘图工具和仪器的使用 ······································ 21

1.3.2　几何作图 ·· 24

1.4　绘图的方法和步骤 ··· 27

第 2 章　轴测图的绘制 ·· 29

2.1　正等轴测图 ·· 29

2.1.1　轴间角和轴向伸缩系数 ······································ 29

2.1.2　平面立体的正等测画法 ······································ 30

2.1.3　曲面立体的正等测画法 ······································ 33

2.1.4　组合体的正等测画法 ·· 35

2.2　斜二轴测图 ·· 36

2.2.1　轴间角和轴向伸缩系数 ······································ 36

2.2.2　平行于坐标面的圆的斜二测 ·································· 37

2.2.3　画法举例 ·· 37

2.3　轴测草图的画法 ·· 38

2.3.1　正等测草图的画法 ·· 38

2.3.2　斜二测草图的画法 ·· 40

第3章　通用零部件的画法 ··· 41

　3.1　螺纹和螺纹紧固件 ··· 41

　　3.1.1　螺纹 ·· 41

　　3.1.2　螺纹紧固件 ··· 46

　3.2　键和销 ··· 51

　　3.2.1　键及其连接 ··· 51

　　3.2.2　销及其连接 ··· 53

　3.3　齿轮 ··· 54

　　3.3.1　圆柱齿轮 ·· 54

　　3.3.2　圆锥齿轮 ·· 57

　　3.3.3　蜗轮蜗杆 ·· 58

　3.4　滚动轴承 ··· 58

　　3.4.1　滚动轴承的代号 ··· 58

　　3.4.2　滚动轴承的画法 ··· 59

　3.5　弹簧 ··· 61

　　3.5.1　圆柱螺旋压缩弹簧的画法 ··· 61

　　3.5.2　圆柱螺旋压缩弹簧的标记 ··· 62

第4章　零件的结构形式及其表达 ··· 63

　4.1　回转结构及其表达 ··· 63

　4.2　回转体上外凸(内凹)结构及其表达 ··· 71

　4.3　箱体结构及其表达 ··· 74

　4.4　箱体的内腔结构及其表达 ·· 77

　4.5　箱体外表面和内表面上的凸台结构及其表达 ····························· 85

　4.6　支承板、加强肋、肋板结构及其表达 ······································ 90

　4.7　零件各部分的连接结构及其表达 ·· 96

　4.8　零件主体部分间的关系结构及其表达 ······································· 97

　4.9　盘盖类结构及其表达 ·· 99

　4.10　法兰结构及其表达 ··· 102

　4.11　压盖结构及其表达 ··· 103

　4.12　台阶孔类结构及其表达 ··· 108

　4.13　底板结构及其表达 ··· 110

　4.14　长圆形孔和长圆形凸台结构及其表达 ···································· 112

　4.15　耳环结构及其表达 ··· 114

　4.16　倒角和圆角结构及其表达 ·· 118

　4.17　叉架结构及其表达 ··· 120

4.18　轴类结构及其表达 ··· 127

4.19　V 形槽结构及其表达 ·· 134

4.20　一字槽结构及其表达 ·· 134

4.21　圆周上分布的异形槽结构及其表达 ····························· 135

4.22　钣金类结构及其表达 ·· 136

4.23　平面上多种孔分布的结构及其表达 ····························· 137

4.24　对称结构与不对称结构及其表达 ································· 138

4.25　衬套类结构及其表达 ·· 143

第 5 章　装配图的绘制 ·· 145

5.1　装配图概述 ·· 145

5.2　装配图的视图表达方法 ·· 146

5.3　画装配图的方法和步骤 ·· 147

5.4　装配图示例 ·· 150

参考文献 ··· 155

4.18 132

4.19 V 130

4.20 134

4.21 135

4.22 136

4.23 137

4.24 138

4.25 143

第五章 ....

5.1 ....

5.2 ....

5.3 147

5.4 150

参考文献 155

第1章　制图的基本知识和基本技能

工程图样是工程技术人员表达设计思想、进行技术交流的工具,同时也是指导生产的重要技术文件。为了绘制和阅读工程图样,需要具备制图的一些基本知识。本章介绍国家标准《技术制图》、《机械制图》的基本规定,它是工程图样必须遵循的标准。同时还介绍常用绘图工具的使用方法、几何图形作图的方法和步骤及徒手作图的基本技能。通过本章学习,应建立工程图样的标准规范概念,初步掌握绘图的技能。

1.1　制图的基本规定

图样是工程界交流的共同语言,为此,国家制定了绘制图样的一系列国家标准(简称国标)。国标对图样的画法作了严格的规定,在绘制图样时必须遵守国标的规定,以充分发挥图样的交流功能。

1.1.1　图纸幅面和图框格式(GB/T 14689—2008)

1. 图纸幅面

绘制图样时,应优先选用表 1-1 中规定的基本幅面。必要时,也允许选用加长幅面,其幅面尺寸由基本幅面的短边成整数倍增加后得到。

表 1-1　图纸幅面及边框尺寸　　　　　　　　　　　　　(单位:mm)

幅面代号	A0	A1	A2	A3	A4
$B \times L$	841×1189	594×841	420×594	297×420	210×297
a	25				
c	10			5	
e	20		10		

2. 图框格式

在图纸上必须用粗实线画出图框,其格式分不留装订边(图 1-1)和留有装订边(图1-2)两种,尺寸按表 1-1 的规定。同一产品的图样只能采用同一种格式。装订时可采用 A4 幅面竖装或 A3、A2 幅面横装。

1.1.2　标题栏和明细栏(GB/T 10609.1—2008,GB/T 10609.2—2009)

1. 标题栏

每张图纸都必须画出标题栏。标题栏应位于图纸的右下角,看图方向与看标题栏的方向一致,如图 1-1 和图 1-2 所示。

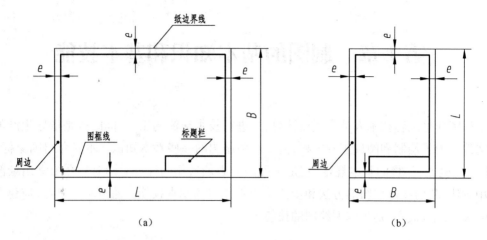

图 1-1 不留装订边的图框格式

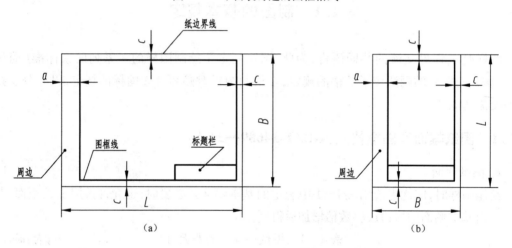

图 1-2 留装订边的图框格式

标题栏的格式和尺寸示例如图 1-3 所示。练习用标题栏可采用图 1-4 所示的格式。

图 1-3 标题栏格式

2

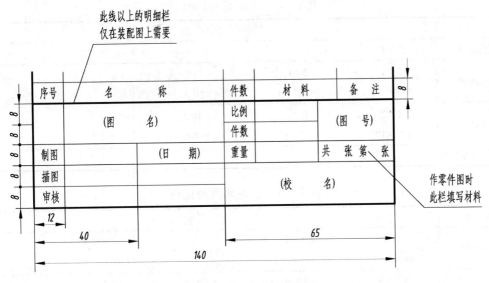

图1-4 练习用标题栏格式

2. 明细栏

装配图中一般要画明细栏。明细栏一般画在标题栏的上方,按自下而上的顺序填写,明细栏格式如图1-5所示。当装配图中标题栏上方的位置不够时,可紧靠在标题栏的左边自下而上延续。

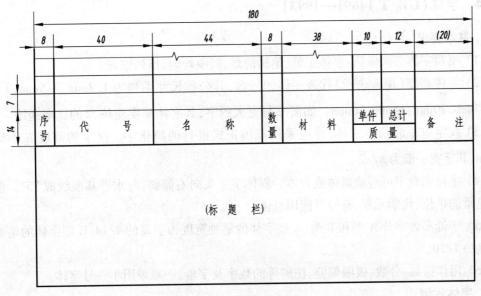

图1-5 明细栏格式

1.1.3 比例(GB/T 14690—1993)

比例是指图中图形与其实物相应要素的线性尺寸之比。

在按比例绘制图样时,标准给出了两个系列,表1-2所列的是优先选用的比例,表1-3所列的是补充系列,在必要时允许选用。

3

表 1-2　优先选用的比例

种　类	比　例		
原值比例	1:1		
放大比例	5:1	2:1	
	$5\times10^n:1$	$2\times10^n:1$	$1\times10^n:1$
缩小比例	1:2	1:5	1:10
	$1:2\times10^n$	$1:5\times10^n$	$1:1\times10^n$
注:n 为正整数			

表 1-3　允许选用的比例

种　类	比　例				
放大比例	4:1	2.5:1			
	$4\times10^n:1$	$2.5\times10^n:1$			
缩小比例	1:1.5	1:2.5	1:3	1:4	1:6
	$1:1.5\times10^n$	$1:2.5\times10^n$	$1:3\times10^n$	$1:4\times10^n$	$1:6\times10^n$
注:n 为正整数					

不管采用哪种比例绘制图样,尺寸数值均按实物的实际尺寸值标注。比例一般标注在标题栏中;必要时,可在视图名称的下方或右侧标注。

1.1.4　字体(GB/T 14691—1993)

1. 基本要求

(1) 书写字体必须做到:字体工整、笔画清楚、间隔均匀、排列整齐。

(2) 字体高度(用 h 表示)代表字体的号数,其公称尺寸系列为 1.8mm,2.5mm,3.5mm,5mm,7mm,10mm,14mm,20mm。如需书写更大的字,其字体高度应按 $\sqrt{2}$ 的比率递增。

(3) 汉字应写成长仿宋体,并应采用我国正式推行的简化字。汉字的高度 h 不应小于3.5mm,其字宽一般为 $h/\sqrt{2}$。

(4) 字母和数字可写成斜体或直体。斜体字字头向右倾斜,与水平基准线成75°。但要注意的是量的单位、化学元素、符号只能用直体。

(5) 字母和数字分 A 型和 B 型,A 型字体的笔画宽度为字高的 1/14,B 型字体的笔画宽度为字高的 1/10。

(6) 用作指数、分数、极限偏差、注脚等的数字及字母,一般采用小一号字体。

2. 字体示例

1) 汉字示例

(1) 20 号字示例如下:

字体工整　笔画清楚　间隔均匀　排列整齐

10 号字示例如下:

横平竖直　注意起落　结构均匀　填满方格

4

2) 字母和数字示例

（1）A 型斜体字母示例如下：

（2）A 型直体字母示例如下：

（3）A 型斜体和直体数字示例如下：

1.1.5 图线（GB/T 17450—1998，GB/T 4457.4—2002）

1. 图线型式

GB/T 17450—1998 中规定了图线的 15 种基本线型，如表 1-4 所列。

表 1-4 图线的基本线型

代码	基 本 线 型	名 称
01	————————————	实线
02	- - - - - - - - - - - -	虚线
03	— - — - — - — - — - —	间隔画线

代码	基 本 线 型	名 称
04		点画线
05		双点画线
06		三点画线
07		点线
08		长画短画线
09		长画双短画线
10		画点线
11		双画单点线
12		画双点线
13		双画双点线
14		画三点线
15		双画三点线

GB/T 4457.4—2002《机械制图图样画法图线》规定的图线型式及应用,如表1－5所列。

表1－5　图线型式及应用

代码	线　型	一般应用
01.1	细实线	过渡线;尺寸界线;尺寸线;指引线和基准线;剖面线;重合断面的轮廓线;短中心线;螺纹牙底线;尺寸线的起止线;表示平面的对角线;零件成形前的弯折线;范围线及分界线;重复要素表示线(如齿轮的齿根线);锥形结构的基面位置线;叠片结构位置线;辅助线;不连续同一表面边线;成规律分布的相同要素边线;投影线;网格线
	波浪线	断裂处边界线;视图与剖视图的分界线
	双折线	断裂处边界线;视图和剖视图的分界线
01.2	粗实线	可见轮廓线;可见棱边线;相贯线;螺纹牙顶线;螺纹长度终止线;齿顶圆(线);表格图和流程图中的主要表示线;系统结构线(金属结构工程);模样分型线;剖切符号用线
02.1	细虚线	不可见轮廓线;不可见棱边线
02.2	粗虚线	允许表面处理的表示线
04.1	细点画线	轴线;对称中心线;分度圆(线);孔系分布的中心线;剖切线
04.2	粗点画线	限定范围表示线
05.1	细双点画线	相邻辅助零件的轮廓线;可动零件极限位置的轮廓线;重心线;成形前轮廓线;剖切面前的结构轮廓线;轨迹线;毛坯图中制成品的轮廓线;特定区域线;延伸公差带表示线;工艺用结构的轮廓线

2. 图线宽度

图线分粗线和细线两种。粗线的宽度 d 应按图的比例大小和复杂程度,在 $0.25 \sim 2$mm 之间选择,细线的宽度约 $d/2$。图线的宽度在下列数系中选择:0.13mm,0.18mm,0.25mm,0.35mm,0.5mm,0.7mm,1mm,1.4mm,2mm。

3. 图线画法

(1)同一图样中,同类图线的宽度应基本一致。细虚线、细点画线及细双点画线的线段长度和间隔应各自大致相等,建议采用图 1-6 所示的图线规格。

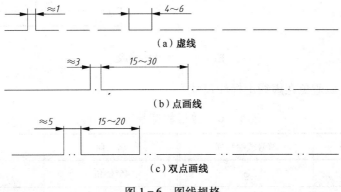

（a）虚线

（b）点画线

（c）双点画线

图 1-6　图线规格

(2)绘制圆的对称中心线时,圆心应为线段的交点,各类图线相交时,都应以线段相交,而不应以点或空隙相交。

(3)细点画线和细双点画线的首末两端应是线段而不是点,同时两端应超出轮廓线 $2 \sim 5$mm 左右。

(4)在较小的图形上绘制细点画线和细双点画线有困难时,可用细实线代替。

(5)当细虚线处于粗实线的延长线上时,在粗实线和细虚线分界处应留有空隙;细虚线直线与细虚线圆弧相切时,应画成线段相切。

(6)两平行线之间的最小距离不得小于 0.7mm。

1.1.6　尺寸注法(GB/T 16675.2—1996,GB/T 4458.4—2003)

标注尺寸时,应满足正确、完整、清晰、合理的要求。

1. 基本规则

(1)图样上所注的尺寸数值是零件的真实大小,与图形的大小及绘图的准确度无关。

(2)图样中(包括技术要求和其他说明)的尺寸,以 mm 为单位时,不需标出单位,如采用其他单位,则必须注明相应的单位代号。

(3)图样中所标注的尺寸,是该零件的最后完工尺寸,否则应另加说明。

(4)零件的每一尺寸,一般只标注一次,并应标注在反映该结构最清晰的图形上。

(5)若图样中尺寸和公差全部相同或某个尺寸和公差占多数时,可在图样空白处作总的说明,如"全部倒角 $C2$"、"其余圆角 $R5$"等。

(6)对于尺寸相同的重复要素,可仅在一个要素上注出其尺寸和数量,如图 1-7 所示。

(7)标注尺寸时,应尽可能使用符号和缩写词。常用的符号和缩写词见表 1-6。

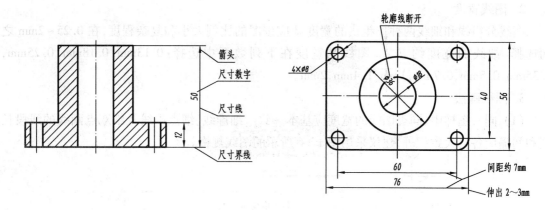

图 1-7 尺寸的组成

（8）应尽可能地避免在虚线上标注尺寸。

表 1-6 常用的符号和缩写词

名　称	符号或缩写词	名　称	符号或缩写词
直径	ϕ	45°倒角	C
半径	R	深度	↓
球直径	$S\phi$	沉孔或锪平	⊔
球半径	SR	埋头孔	∨
厚度	t	均布	EQS
正方形	□		

2. 尺寸的组成

如图 1-7 所示，一个完整的尺寸一般由尺寸界线、尺寸线、尺寸线终端和尺寸数字组成。

1）尺寸界线

尺寸界线用细实线绘制，并应由图形的轮廓线、轴线或对称中心线引出，也可利用这些线作尺寸界线。尺寸界线应超出尺寸线终端 2~3mm。一般应与尺寸线垂直，必要时才允许倾斜。

2）尺寸线

尺寸线用细实线绘制，不能用其他图线代替，也不得与其他图线重合或画在其延长线上。当有几条相互平行的尺寸线时，大尺寸要标注在小尺寸的外面，以避免尺寸线与尺寸界线相交。

标注线性尺寸时，尺寸线必须与所标注的线段平行，相同方向的各尺寸线的间距要均匀，间隔应大于 5 mm，以便注写尺寸数字。

3）尺寸线终端

尺寸线的终端形式有箭头和细斜线两种，如图 1-8 所示。同一图样中只能采用一种尺寸线终端形式。机械图样中一般用箭头，房屋建筑图常用斜线。箭头不能过长或过短，其尖端要与尺寸界线接触，不得超出也不得离开，如图 1-9 所示。

当尺寸线终端采用斜线形式时，尺寸线与尺寸界线必须相互垂直。

8

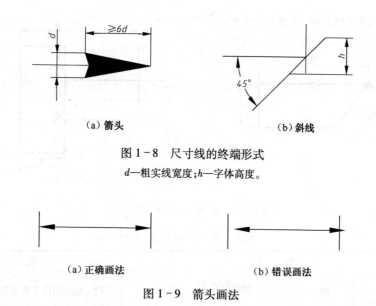

（a）箭头　　　　　　　　　　　（b）斜线

图 1-8　尺寸线的终端形式

d—粗实线宽度；h—字体高度。

（a）正确画法　　　　　　　　　（b）错误画法

图 1-9　箭头画法

4）尺寸数字

线性尺寸的数字一般注写在尺寸线上方，也可注写在尺寸线的中断处。尺寸数字高度一般为 3.5mm，其字头方向一般应按图 1-10(a) 所示方向注写，并应避免在图示 30°范围内标注尺寸。当无法避免时，可按图 1-10(b) 的形式引出标注。总的来看，当尺寸线呈垂直方向时，尺寸数字字头朝左，其余方向时，字头有朝上趋势。尺寸数字不可被任何图线通过，当无法避免时，图线必须断开。

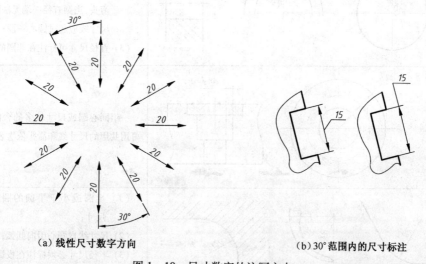

（a）线性尺寸数字方向　　　　　　　　　　（b）30°范围内的尺寸标注

图 1-10　尺寸数字的注写方向

对于非水平方向的尺寸，在不致引起误解时，也允许将其数字水平地注写在尺寸线的中断处，但在一张图样中要尽可能一致，如图 1-11 所示。

3. 各类尺寸的标注示例

各类尺寸的标注示例、零件常见结构的尺寸标注及常见零件结构要素的尺寸标注法，见表 1-7、表 1-8 和表 1-9。

9

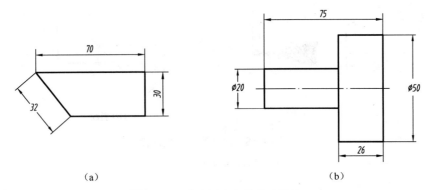

（a）　　　　　　　　　　　　　　　　（b）

图 1-11　非水平方向的尺寸注法

表 1-7　尺寸标注示例

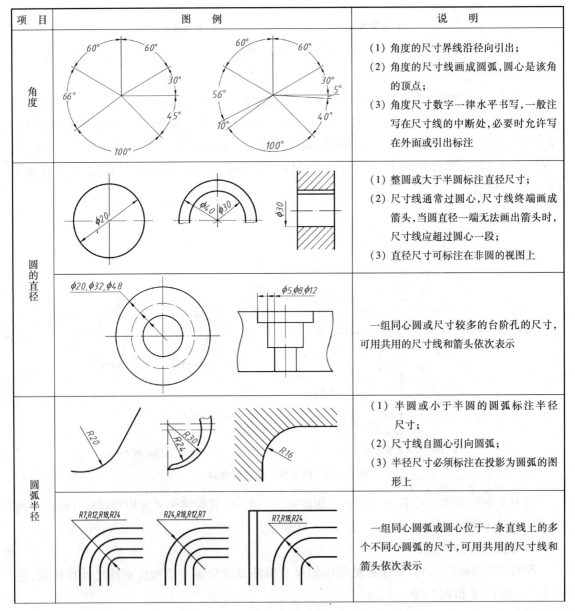

项　目	图　例	说　明
角度		（1）角度的尺寸界线沿径向引出； （2）角度的尺寸线画成圆弧，圆心是该角的顶点； （3）角度尺寸数字一律水平书写，一般注写在尺寸线的中断处，必要时允许写在外面或引出标注
圆的直径		（1）整圆或大于半圆标注直径尺寸； （2）尺寸线通常过圆心，尺寸线终端画成箭头，当圆直径一端无法画出箭头时，尺寸线应超过圆心一段； （3）直径尺寸可标注在非圆的视图上
		一组同心圆或尺寸较多的台阶孔的尺寸，可用共用的尺寸线和箭头依次表示
圆弧半径		（1）半圆或小于半圆的圆弧标注半径尺寸； （2）尺寸线自圆心引向圆弧； （3）半径尺寸必须标注在投影为圆弧的图形上
		一组同心圆弧或圆心位于一条直线上的多个不同心圆弧的尺寸，可用共用的尺寸线和箭头依次表示

10

项 目	图 例	说 明
大圆弧	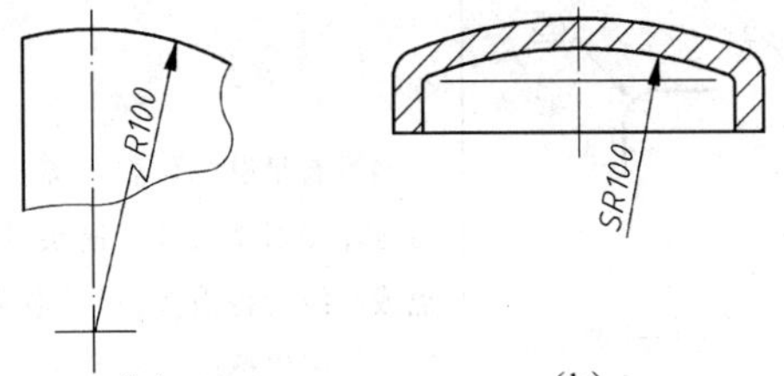 (a)　　　　　　　(b)	当圆弧的半径过大或在图纸范围内无法标出其圆心位置时，按图（a）形式标注；若不需要标出圆心位置，可按图（b）形式标注
球面	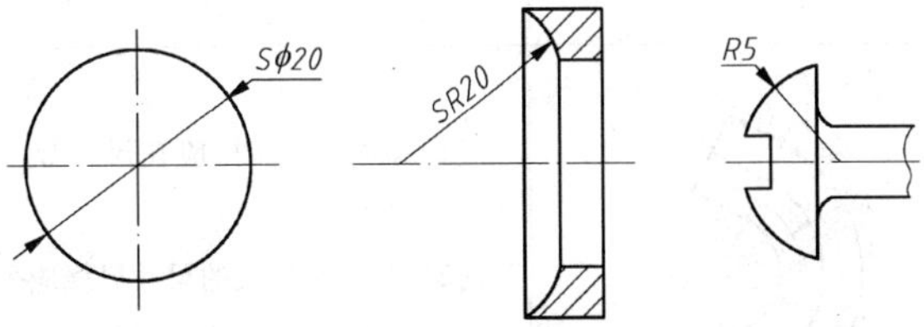	（1）标注球面直径或半径时，应在尺寸数字前分别加注符号"$S\phi$"或"SR"； （2）对于轴、螺杆、铆钉以及手柄等的端部，在不致引起误解的情况下可省略符号"S"
狭小部位	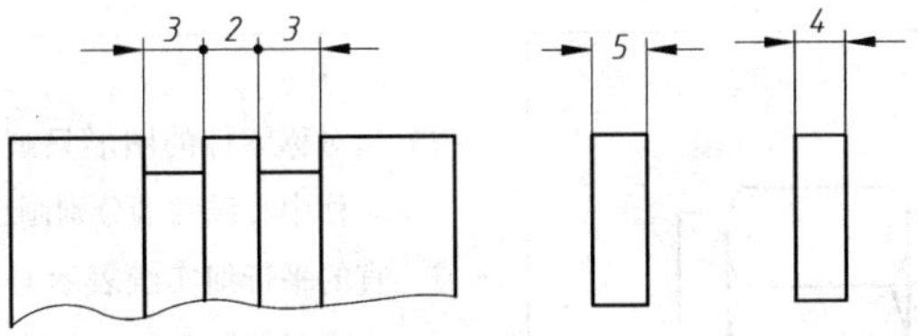 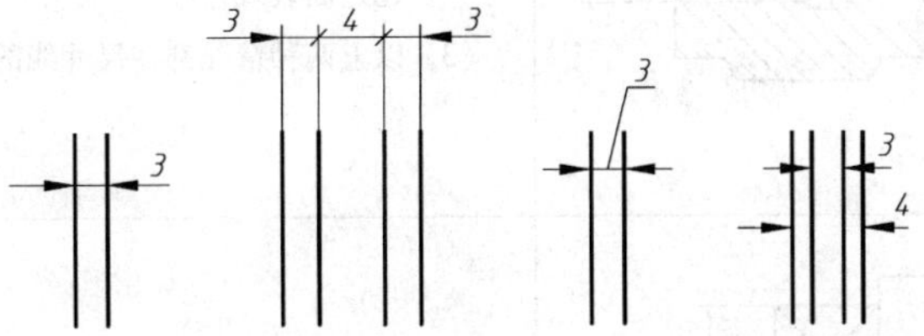	当没有足够的位置画箭头或注写数字时，可按左图形式标注。箭头可外移，也可用圆点或斜线代替箭头，尺寸数字可写在尺寸界线外或引出标注
小直径	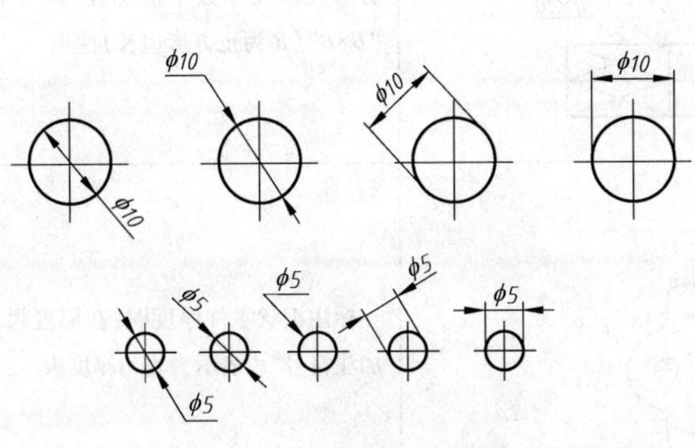	

11

项目	图例	说明
小半径	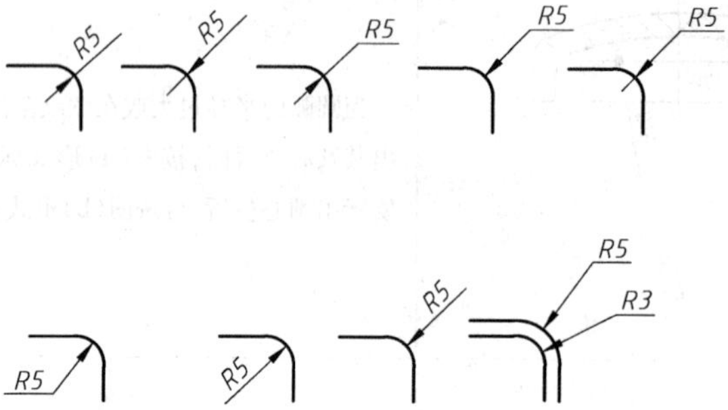	当没有足够的位置画箭头或注写数字时，可按左图形式标注。箭头可外移，也可用圆点或斜线代替箭头，尺寸数字可写在尺寸界线外或引出标注
弦长和弧长	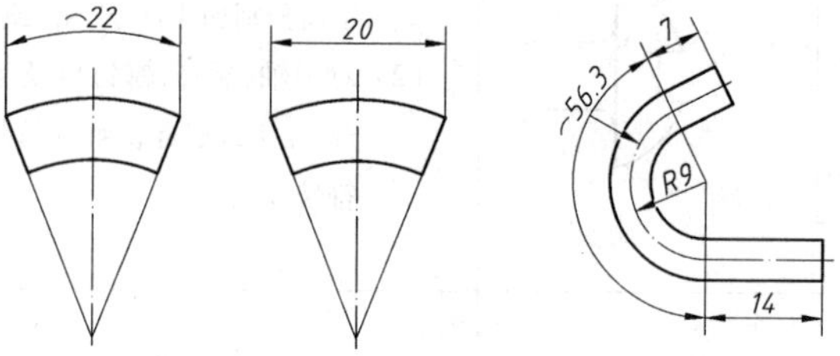	（1）标注弧长时，应在尺寸数字前注符号"⌒"； （2）弦长和弧长的尺寸界线应平行于该弦的垂直平分线；当弧度较大时，可沿径向引出
对称零件	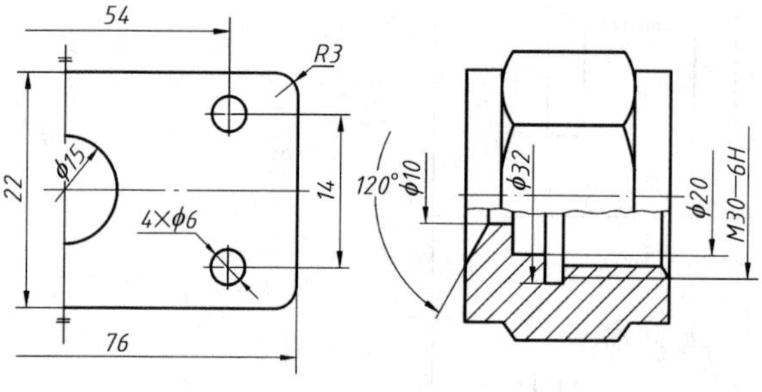	（1）当对称零件的图形只画一半时，应在对称中心线两端分别画出两条与其垂直的平行细实线表示对称符号，尺寸线应略超过对称中心线； （2）当图形画出大于一半时，尺寸线应略超过断裂线； （3）以上两种情况都在尺寸线的一端画出箭头
正方形结构	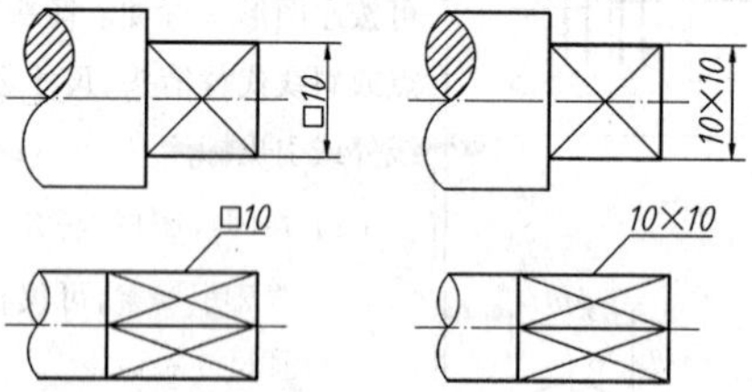	标注断面为正方形结构的尺寸时，可在正方形边长尺寸数字前加注符号"□"，或用"$B×B$"（B 为正方形边长）注出
板状零件	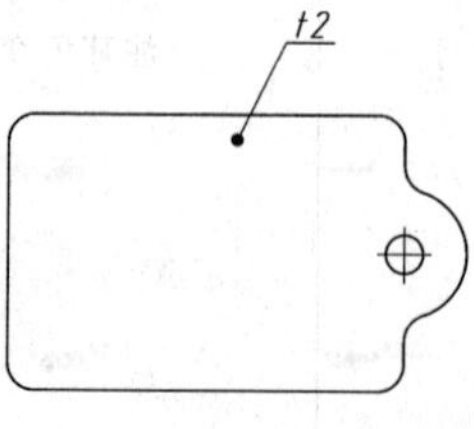	标注板状零件厚度时，在厚度尺寸数字前加注符号"t"表示为均匀厚度板

项　目	图　　例	说　　明
光滑过渡部位	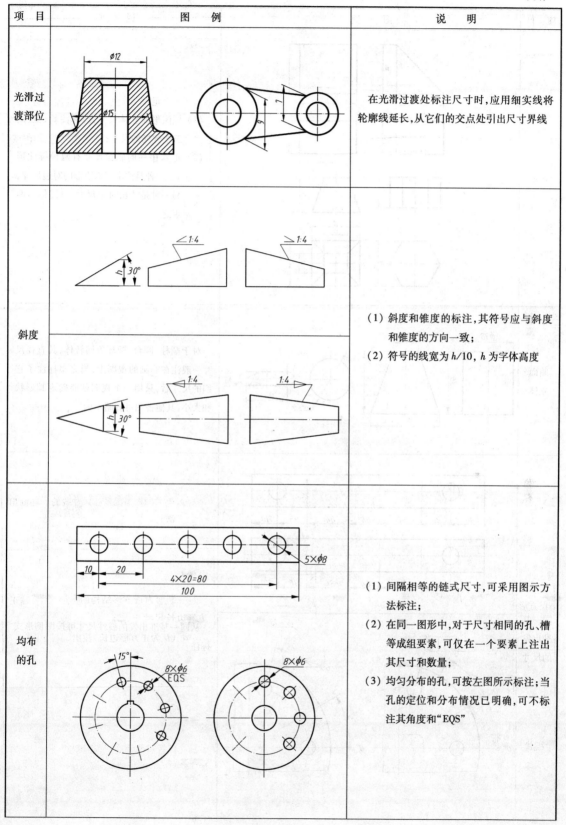	在光滑过渡处标注尺寸时,应用细实线将轮廓线延长,从它们的交点处引出尺寸界线
斜度		(1) 斜度和锥度的标注,其符号应与斜度和锥度的方向一致; (2) 符号的线宽为 $h/10$, h 为字体高度
均布的孔		(1) 间隔相等的链式尺寸,可采用图示方法标注; (2) 在同一图形中,对于尺寸相同的孔、槽等成组要素,可仅在一个要素上注出其尺寸和数量; (3) 均匀分布的孔,可按左图所示标注;当孔的定位和分布情况已明确,可不标注其角度和"EQS"

项 目	图 例	说 明
平面立体	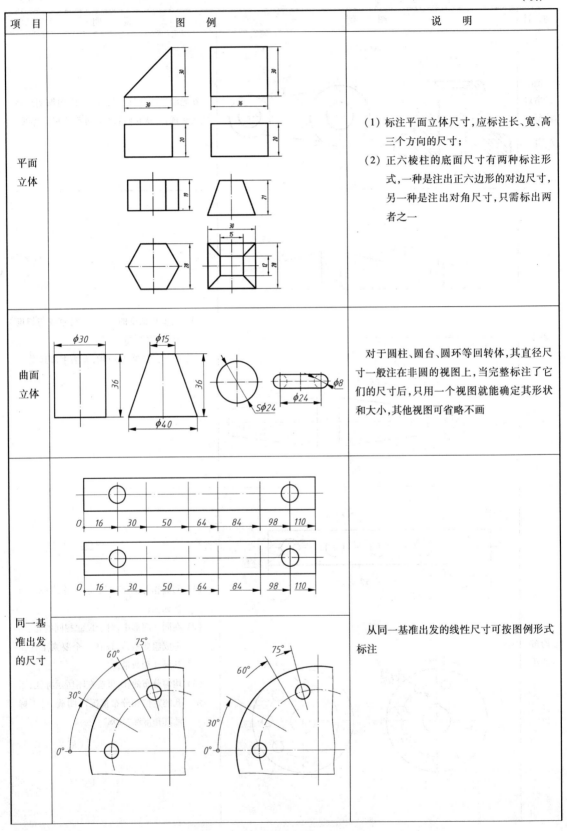	（1）标注平面立体尺寸,应标注长、宽、高三个方向的尺寸; （2）正六棱柱的底面尺寸有两种标注形式,一种是注出正六边形的对边尺寸,另一种是注出对角尺寸,只需标出两者之一
曲面立体		对于圆柱、圆台、圆环等回转体,其直径尺寸一般注在非圆的视图上,当完整标注了它们的尺寸后,只用一个视图就能确定其形状和大小,其他视图可省略不画
同一基准出发的尺寸		从同一基准出发的线性尺寸可按图例形式标注

表 1－8 零件常见结构的尺寸标注

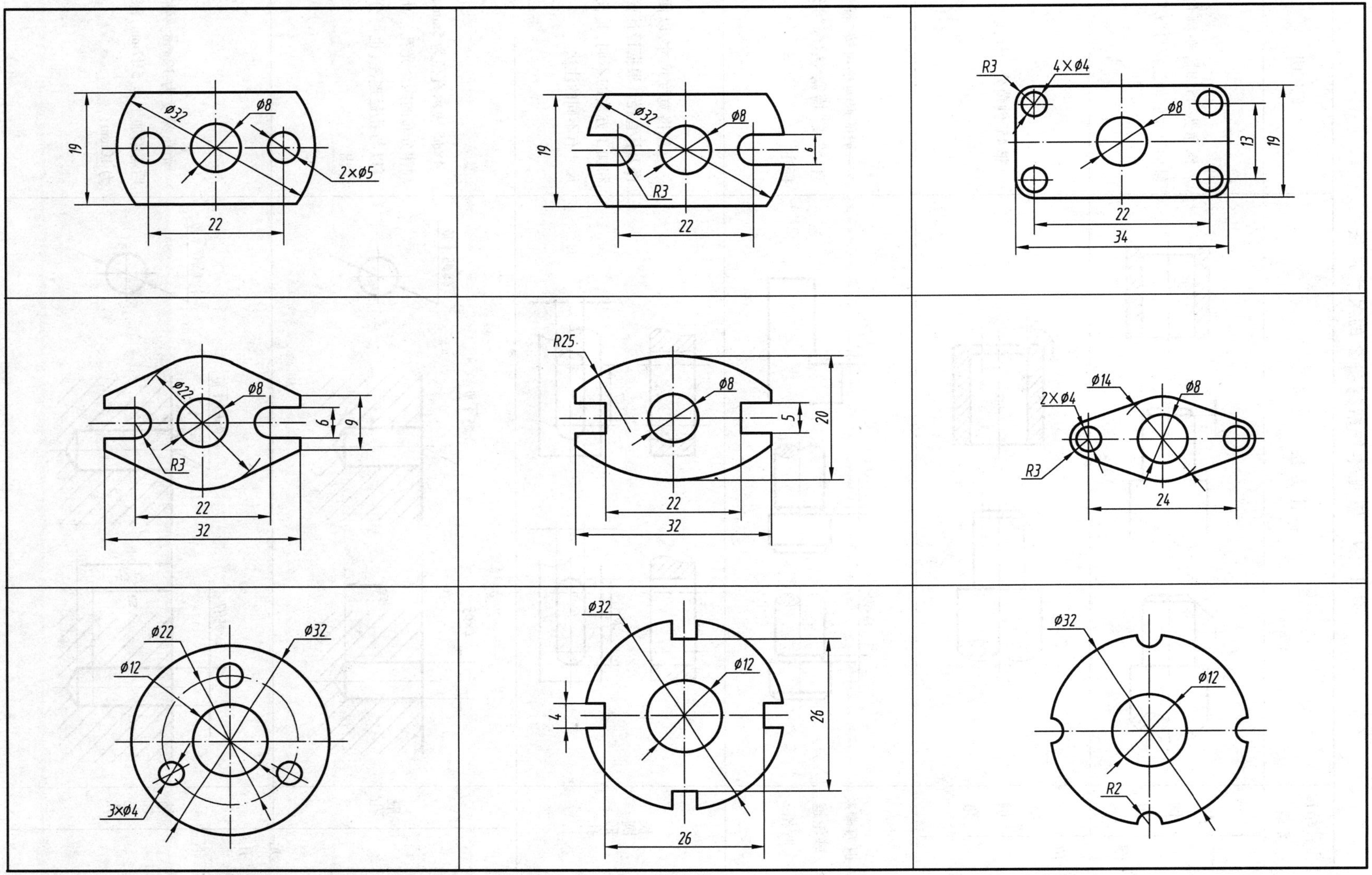

15

表 1-9　常见零件结构要素的尺寸注法

零件结构 类型		标 注 方 法	说　明
倒 角	45° 倒 角		倒角为 45° 时，在倒角的 轴向尺寸前加注符号"C"
	30° 倒 角		非 45° 倒角分开标注
退刀槽及 砂轮越 程槽			一般的退刀槽可按"槽宽× 直径"或"槽宽×槽深"形式 标注
长圆 形孔			应注出宽度尺寸，以便选 择刀具直径。根据设计要求 和加工方法的不同，其长度 尺寸有不同的注法
光 孔	一 般 孔		4×φ5 表示直径为 5mm、有 规律分布的四个光孔。孔深 可以与孔径连注，也可分开 注出
	精加 工孔		光孔深度为 12mm。钻孔 后需精加工至 5H7mm，深度 为 10mm

零件结构类型		标 注 方 法	说 明
光孔	锥销孔		$\phi4$、$\phi3$ 为所配的圆锥销的公称直径。锥销孔通常是相邻两零件装配后一起加工的
螺孔	通孔		$3 \times M6\text{-}7H$ 表示直径为6mm、有规律分布的三个螺孔。可以旁注,也可直接注出
	不通孔		螺孔深度可与螺孔直径连注,也可分开注出
			需要注出孔深时,应明确标注孔深尺寸
沉孔	锥形沉孔		$6 \times \phi7$ 表示直径为7mm、有规律分布的6个孔。锥形部分尺寸可以旁注,也可直接注出
	柱形沉孔		柱形沉孔的直径为11mm,深度为3mm,均需注出

零件结构类型		标 注 方 法	说 明
沉孔	锪平面	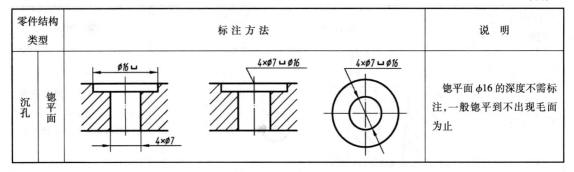	锪平面 $\phi16$ 的深度不需标注,一般锪平到不出现毛面为止

1.2 徒手绘图基本技能

徒手绘图是一种学习怎样在二维平面内表现实体的有效练习方法。

1.2.1 概述

草图不要求按照国标规定的比例绘制,但要求正确目测实物形状及大小,基本上把握住形体各部分间的比例关系。徒手绘图同样要遵循有关规范,基本做到图形正确、线型分明、比例匀称、字体工整、图面整洁。

徒手绘图时一般用 HB 或 B 的铅笔,铅芯应磨成圆锥形。为便于控制图形大小比例和各图形之间的关系,可在方格纸上画图。图纸不必固定,应放在走笔最顺手的位置上,根据需要进行转动。握笔姿势要轻运,力求自然。笔杆与纸面成45°~60°,执笔稳而有力。

1.2.2 徒手绘图的技巧

1. 画直线

画直线时,小指压住纸面,手腕沿着画线方向移动,眼睛余光注意画线的终点。画短线时用手腕运笔,画长线时用手臂运动,动作要均匀,一气呵成。由左向右画水平线;由上向下画铅垂线。画斜线时,可将图纸旋转适当角度,使其正好处于顺手方向,如图 1-12 所示。

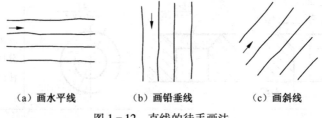

(a) 画水平线　　　(b) 画铅垂线　　　(c) 画斜线

图 1-12　直线的徒手画法

当画 30°、45°、60°的斜线,可按直角边的近似比例定出两端点,然后连成直线,如图 1-13 所示。

2. 等分直线

等分直线时,如果是偶数等分,先目测直线的中点,一分为二,再对每一等份一分为二,如图 1-14(a) 所示为八等分直线的过程;如果不是偶数等分,如图 1-14(b) 所示为五等分直线,

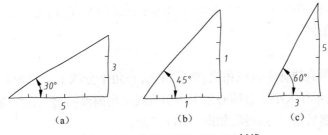

图 1-13 徒手画 30°、45°、60°斜线

先目测出 2:3 的分点,再找到第 3 分点,这时直线两端的距离相等,最后分别将两端线段一分为二。

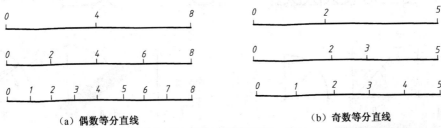

(a) 偶数等分直线　　　　　　　　(b) 奇数等分直线

图 1-14 等分直线的徒手画法

3. 画圆

画小圆时,先在中心线上按半径定出四个点,然后徒手连成圆,如图 1-15(a)所示。画较大的圆时,如图 1-15(b)所示,除中心线以外,再过圆心画几条不同方向的直线,在中心线和这些直线上按半径目测定出若干点,再连接成圆。

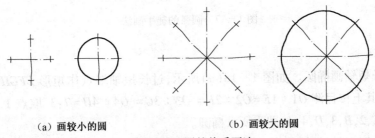

(a) 画较小的圆　　　　　　　(b) 画较大的圆

图 1-15 圆的徒手画法

当圆的直径很大时,可用如图 1-16(a)所示的方法,取一纸片标出半径长度,利用它从圆心出发定出许多圆周上的点,然后通过这些点画圆。或者如图 1-16(b)所示,用手作圆规,以

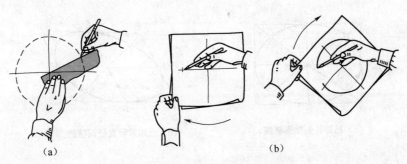

图 1-16 其他徒手画圆的方法

小手指的指尖或关节作圆心,使铅笔与它的距离等于所需的半径,用另一只手小心地慢慢转动图纸,即可得到所需的圆。

4. 画圆弧

画圆弧时,先将两直线徒手画成相交,然后目测,在角平分线上定出圆心位置,使它与角的两边距离等于圆角的半径大小。过圆心向两边引垂线定出圆弧的起点和终点,并在角平分线上也定出圆弧上一点,然后过三点画弧,如图 1-17 所示。

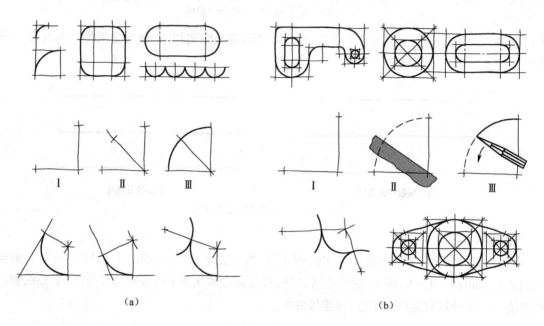

图 1-17　圆弧的徒手画法

5. 画椭圆

(1)已知长短轴画椭圆。如图 1-18(a)所示,过长短轴端点作矩形 $EFGH$;连矩形 $EFGH$ 的对角线,并在其上按目测 $O1:1E=O2:2F=O3:3G=O4:4H=7:3$,取点 1,2,3,4;徒手顺次连接点 $A,1,C,2,B,3,D,4,A$,即为所求椭圆。

(2)已知共轭直径画椭圆。如图 1-18(b)所示,通过已知的共轭直径 AB、CD 的端点作平行四边形 $EFGH$;然后用与 1-18(a)相同的方法,相应地在各条半对角线上按目测取等于 7:3 的点 1,2,3,4;徒手顺次连接点 $A,1,C,2,B,3,D,4,A$,就可作出所求的椭圆。

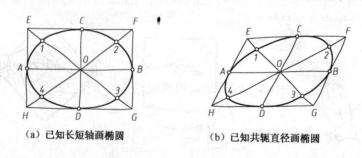

(a)已知长短轴画椭圆　　　　　(b)已知共轭直径画椭圆

图 1-18　椭圆的徒手画法

1.3 尺规绘图基本技能

本节介绍绘图工具和仪器的使用方法、基本的几何作图方法以及尺规绘图的方法和步骤。

1.3.1 绘图工具和仪器的使用

正确使用绘图工具和仪器,是保证绘图质量和加快绘图速度的重要基础,因此,必须养成正确使用绘图工具和仪器的良好习惯。

1. 绘图板、丁字尺与绘图纸

绘图板是用作画图的垫板,要求表面平坦光滑;绘图时以图板的左侧边为导边,必须平直。

丁字尺是画水平线的长尺,由尺头和尺身组成,与图板配合使用。画图时,应使尺头始终靠紧绘图板的左侧导边,左手推动尺头沿绘图板的导边作上下移动,右手执笔,沿尺身上部工作边自左向右画水平线,如图1-19(a)所示。用铅笔沿尺边画直线时,笔杆应稍向外倾斜,尽量使笔尖贴靠尺边。上下移动丁字尺可画一系列互相平行的水平线。

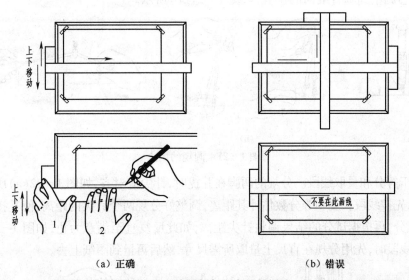

(a) 正确　　　　　　　　　　(b) 错误

图1-19　绘图板与丁字尺的用法

绘图纸要求纸面洁白、质地坚实,橡皮擦拭不易起毛。绘图时应使用正面绘图。画图时,图纸应布置在图板的左下方,贴图纸时,用丁字尺校正,使图纸的水平框线对准丁字尺的工作边,并应在图纸下边缘留出丁字尺的宽度,然后用胶带纸固定图纸四角。

2. 三角板

三角板是用来画直线和角度的工具。与丁字尺配合使用,可画铅垂线和30°、45°、60°及$n×15°$的各种斜线,如图1-20(a)、(b)所示。用两块三角板可作已知直线的平行线或垂直线,如图1-20(c)所示。

3. 圆规和分规

圆规用来画圆和圆弧,使用前应调整好针脚,使针尖应略长于铅芯,如图1-21(a)所示。在使用圆规画图时,以右手握住圆规头部,左手食指协助将针尖对准圆心,铅芯接触纸面,并将圆规向前进方向稍微倾斜,然后匀速顺时针转动圆规画圆,如图1-21(b)所示。画大圆时,应

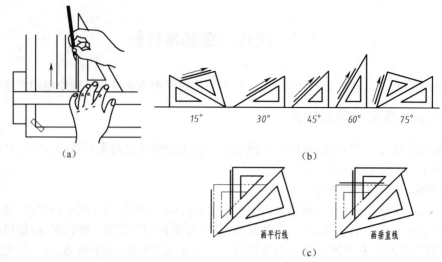

（a）

15° 30° 45° 60° 75°

（b）

画平行线　　　　　画垂直线

（c）

图 1－20　三角板的用法

将针尖和铅芯调整到垂直纸面的位置,如图 1－21(c)所示。

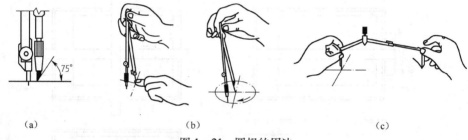

（a）　　　　　　　（b）　　　　　　　　　（c）

图 1－21　圆规的用法

分规用于等分和量取线段。分规的两脚在并拢时,针尖应对齐,如图 1－22(a)所示。用分规等分线段时,先按线段长度和等分数估计其距离,调整好分规两个针尖的距离,使其接近等分段的长度,然后试分,再根据试分的结果调整针尖距离,如此反复直至满意为止,如图 1－22(b)所示。用分规量取线段时,先用分规在直尺上量取所需尺寸,然后再量到图纸上去。

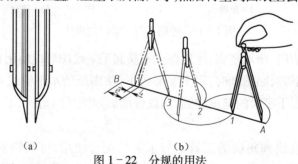

（a）　　　　　　　　　（b）

图 1－22　分规的用法

4. 曲线板

曲线板用于画非圆曲线。如图 1－23(a)所示,先徒手将已求出的各点顺序轻轻地连成曲线。从一端开始,找出曲线板上与所画曲线吻合的一段与其贴合,沿曲线板描出这段曲线,如图 1－23(b)所示,这样逐段描绘出曲线来。在逐段画图时,相邻两段曲线至少应有三个重合的点,才能使画出来的曲线基本光滑。

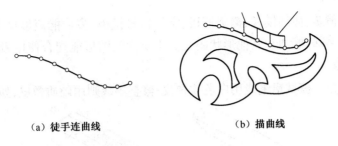

（a）徒手连曲线　　　　　　　（b）描曲线

图 1－23　曲线板的用法

5. 铅笔

绘图铅笔的铅芯分别用 B 和 H 表示其软、硬程度。B 前面的数字越大,表示铅芯越软,画线越黑;H 前面的数字越大,表示铅芯越硬,画线越淡;HB 表示软硬适中。

画底图时,一般用铅芯型号 H 的铅笔;画细线、注写文字一般用 HB 铅笔;画粗线一般用 HB 或 B 铅笔。画细实线和写字的铅笔一般削成尖锥形,可用砂纸板进行磨削,如图 1－24(a)、(c)所示。画粗实线的铅笔的铅芯一般削成长方形,如图 1－24(b)所示。图 1－25 为不正确的削法。

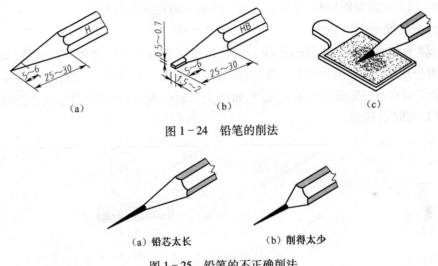

（a）　　　　　　（b）　　　　　　（c）

图 1－24　铅笔的削法

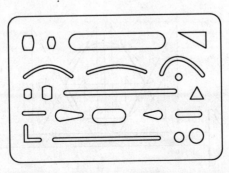

（a）铅芯太长　　　　（b）削得太少

图 1－25　铅笔的不正确削法

6. 其他绘图工具

擦图片用于修改图线时遮盖不需擦掉的图线,然后再用橡皮擦拭,这样不致影响邻近的其他线条,如图 1－26 所示。擦图片的材质分为不锈钢或塑料两类。

图 1－26　擦图片

制图模板种类很多,如圆模板、椭圆模板、字格符号模板、多功能矩形尺等。多孔板是在普通三角板上开有许多圆、椭圆和其他形状的孔。当所画的图形能配合使用板上的孔时,可用作模板,提高绘图速度。

橡皮有软硬之分。擦拭铅笔线用白色软橡皮;修整墨线则用硬质橡皮,如图 1-27 所示。

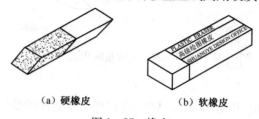

（a）硬橡皮　　　　　　（b）软橡皮

图 1-27　橡皮

1.3.2　几何作图

虽然零件的轮廓形状是多种多样的,但它们的图样都是由直线、圆弧和其他一些曲线组成的几何图形,因而在绘制图样时,经常要用到一些基本的几何作图方法。

1. 等分直线段

图 1-28 介绍了三等分线段的作法。过已知线段的某端点任意作一条直线,如图 1-28 (a)所示;用分规以任意长度为单位长度,在该直线上取得三个等分点,如图 1-28(b)所示;连接最后一个等分点与已知线段的另一端点,如图 1-28(c)所示;过其余等分点作连接线段的平行线,如图 1-28(d)所示。

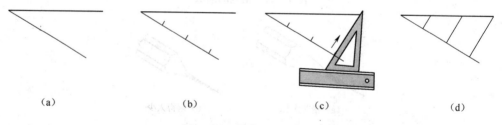

（a）　　　　　　（b）　　　　　　（c）　　　　　　（d）

图 1-28　等分线段的作法

2. 等分圆周和作正多边形

图 1-29 介绍了正六边形的作法,以三角板配合丁字尺,根据正六边形的角度特点即可作出圆内接正六边形。

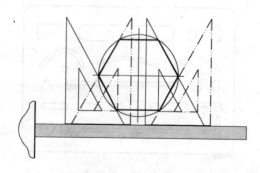

图 1-29　正六边形的画法

图 1-30 介绍了正五边形的作法。作半径的中点 M，以 M 为圆心、MA 为半径画弧交水平直径于 H 点，以 AH 为边长作正五边形。

图 1-31 以正七边形为例说明正 n 边形的近似作法。将垂直直径 AN 分为 n 等分(图中为7等分)，以 A 为圆心、AN 为半径在水平直径上作得 M，分别连接 M 点与等分点2、4、6，并延长交圆周上三点，再在圆周上找到这三点的对称点，依次连线得到正七边形。

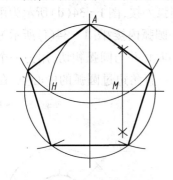
图 1-30　正五边形的画法

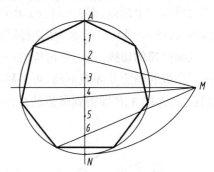
图 1-31　正 n 边形的画法

3. 斜度和锥度

斜度指一直线对另一直线或一平面对另一平面的倾斜程度，斜度数值用倾斜角 α 的正切来表示。标注时，一般将斜度化成 $1:n$ 的形式。如图 1-32 所示，先在直线 AB 上自 A 点开始按任一单位长度取6个单位长得到点 D，由 D 点作 AB 的垂线，并在该垂线上取一个单位长度 DE，连接 A 点和 E 点，则 AE 对直线 AB 的斜度即为 $1:6$。

锥度指正圆锥的底圆直径与圆锥高度之比，或正圆锥台两底圆直径之差与锥台高度之比，也以 $1:n$ 的形式表示。如图 1-33 所示，先在一直线上自 E 点开始按任一单位长度取6个单位长得到点 O，由 O 点作 EO 的垂线，并在该垂线两侧分别取半个单位长度，得到点 A 和点 B，连接 EA 和 EB，即可得到锥度为 $1:6$ 的正圆锥。

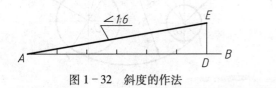
图 1-32　斜度的作法

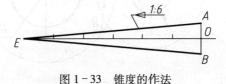
图 1-33　锥度的作法

4. 圆弧连接

许多机器零件的形状是由直线与圆弧或圆弧与圆弧光滑连接而成的。这种光滑连接过渡，即是平面几何中的相切，在工程制图上称为连接。切点即为连接点。常用的圆弧连接是用圆弧将两直线、两圆弧或一直线和一圆弧连接起来，这个起连接作用的圆弧称为连接圆弧。为了保证相切，必须准确地作出连接圆弧的圆心和切点。

1)圆弧连接的作图原理

(1)与直线相切时，半径为 R 的连接圆弧的圆心轨迹，是距离直线为 R 的两条平行直线。切点与连接圆弧的圆心连线垂直于直线。

(2)与圆心为 O_1，半径为 R_1 的圆弧外切时，半径为 R 的连接圆弧的圆心轨迹，是以 O_1 为圆心、$R+R_1$ 为半径的圆弧。

（3）与圆心为 O_1，半径为 R_1 的圆弧内切时，半径为 R 的连接圆弧的圆心轨迹，是以 O_1 为圆心、$| R-R_1 |$ 为半径的圆弧。

2）圆弧连接的作图方法

M、N 为已知直线，O_1、O_2 和 R_1、R_2 分别为已知圆弧的圆心和半径，O、R 为连接圆弧的圆心和半径，1、2 为切点。图 1-34(a) 所示为用圆弧连接两已知直线；图 1-34(b) 所示为用圆弧连接一条直线和一个圆弧；图 1-34(c) 所示为用圆弧与两圆弧外接；图 1-34(d) 所示为用圆弧与两圆弧内接；图 1-34(e) 所示为用圆弧与一圆弧外接与一圆弧内接；图 1-34(f) 所示为用三角板过一点画圆弧的切线，先用三角板的一个直角边过已知点 A，并与圆弧相切，用另一个三角板对齐该三角板的斜边并固定不动，再平移该三角板使其另一直角边过圆弧的中心点，在圆周上找到切点 B，连接 A、B 即得到圆弧的切线。

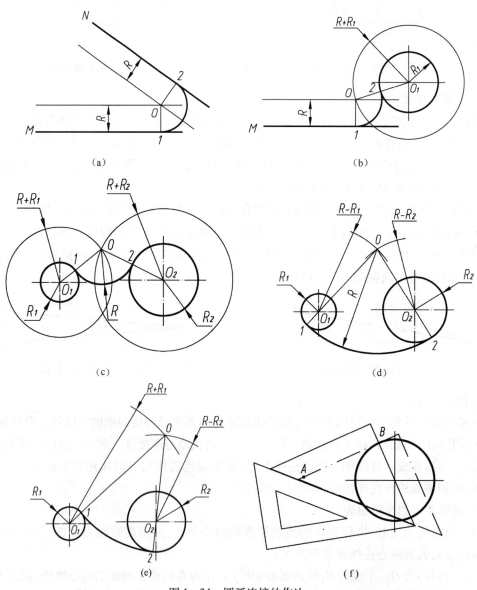

图 1-34　圆弧连接的作法

5. 椭圆的画法

1) 同心圆法作椭圆

如图1-35(a)所示,先分别以长半轴和短半轴为半径画两个同心圆,过圆心作若干射线与两圆相交,再过这些交点分别作长、短轴的平行线,对应平行线的交点即为椭圆上的点,依次光滑连接这些点即得到椭圆。

2) 四心圆法近似作椭圆

如图1-35(b)所示,连接长、短轴的端点 A、C,以 O 为圆心、OA 为半径作圆弧交 OC 于 E 点;以 C 为圆心,CE 为半径作圆弧交 AC 于点 E_1;作线段 AE_1 的中垂线,交 AB 于点 O_1,交 CD 于点 O_2;对称地取得点 O_3 和 O_4;以 O_1 为圆心画圆弧 K_1AK,以 O_3 为圆心画圆弧 N_1BN,以 O_2 为圆心画圆弧 KCN,以 O_4 为圆心画圆弧 N_1DK_1。

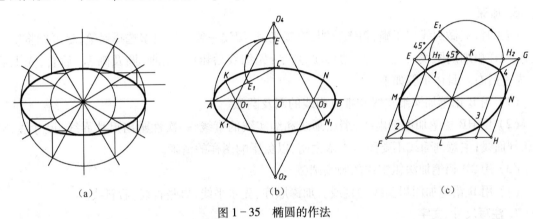

(a)	(b)	(c)

图1-35　椭圆的作法

3) 八点法近似作椭圆

如图1-35(c)所示,在共轭轴 MN 和 KL 的端点处分别画共轭轴的平行线,得到平行四边形 EFHG,连接其对角线;画等腰直角三角形 EE_1K,以 K 为圆心,过 E_1 点画圆弧交 EG 于点 H_1、H_2;分别过点 H_1、H_2 作 KL 的平行线与平行四边形的对角线交于1,2,3,4点,用曲线板将它们与共轭轴的四个端点光滑连接起来近似得到椭圆。

1.4　绘图的方法和步骤

为了保证绘图质量和加快绘图速度,除了正确使用绘图工具和仪器外,还必须掌握正确的绘图步骤和方法。

1. 准备工作

在绘图前首先应准备好绘图板、丁字尺、三角板、圆规、铅笔等各种绘图工具和仪器;磨削好铅笔及圆规上的铅芯;图板、丁字尺、三角板擦干净,以免绘图过程中影响图面质量。

2. 选择图幅、固定图纸

根据所绘制的图形大小和复杂程度确定绘图比例,并选择合适的图纸幅面。用橡皮检查图纸的正反面(易起毛的是反面),然后把图纸布置在图板的左下方。贴图纸时,使丁字尺尺头紧靠图板左边,图纸的水平边框与丁字尺的工作边对齐,把图纸正面向上铺在图板的左下方,以充分利用丁字尺尺身根部,保证作图准确,然后用胶带纸固定图纸四角。

3. 画图框和标题栏

按照国家标准规定,在图纸上画出选定的图幅及图框和标题栏。

4. 布图

图形的布局应匀称、美观,应根据每个图形的长、宽尺寸,同时要考虑标注尺寸或说明等其他内容所占的位置,画出各图形的基准线,如对称中心线、轴线和重要的轮廓线等。

5. 画底稿

画底稿时,宜用削成锥形的 H 或 2H 铅笔清淡地画出,但各种图线要分明。根据绘制好的基准线,按尺寸先画出各图形的主要轮廓线,然后绘制细节。

底稿画完后,应仔细检查,改正错误并擦去多余的线条及图面上的污迹。

6. 加深

描深时,应做到线型正确,粗细分明,连接光滑,深浅一致。按线型选择铅笔,尽可能将同一类型、同样粗细的图线一起描深。加深原则是:先细线后粗线,先曲(圆及圆弧)后直,先上后下,先左后右。具体步骤如下:

(1)用 B 铅笔加深细实线和细点画线的圆及圆弧。

(2)用 HB 铅笔加深细虚线、细点画线和细实线的直线,一次性画出尺寸界线、尺寸线、箭头和剖面线;主意剖面线不要画得太浓太密,以免影响图样的清晰。

(3)用 2B 铅笔加深粗实线的圆及圆弧。

(4)用 B 铅笔加深粗实线的直线。加深顺序:先水平线,再竖直线,后斜线。

7. 注写尺寸、文字

注写尺寸数字、注释文字、代号并填写标题栏,完成图样绘制。

第2章 轴测图的绘制

正投影形成的三视图虽然能完整、准确地表达物体形状,且作图简便,但是直观性差,缺乏空间立体感,不具备一定读图知识的人,不易看懂。因此在工程上,常采用立体感较强的轴测投影图作为辅助图样,提高读图的效率。工程中应用较多的是正等轴测图和斜二轴测图。本章仅介绍这两种轴测图的画法。

绘制物体的轴测图时,应先根据物体的结构特征选择适于表达的轴测图种类,进而确定各轴测轴的方位,然后按其轴向伸缩系数沿轴测量和绘制物体的投影。在轴测图中,为了表达清晰,一般只用粗实线画出物体的可见轮廓,必要时才用细虚线画出物体的不可见轮廓。

2.1 正等轴测图

2.1.1 轴间角和轴向伸缩系数

如图 2-1 所示,投射方向与轴测投影面垂直,将物体斜放,使坐标轴对轴测投影面处于倾角都相等(均为 $35°16'$)的位置,所形成的轴测图就是正等轴测图,简称正等测。

正等测的轴间角 $\angle X_1O_1Y_1 = \angle X_1O_1Z_1 = \angle Z_1O_1Y_1 = 120°$,作图时,$O_1Z_1$ 轴处于铅垂位置,则利用 O_1X_1 轴和 O_1Y_1 轴与水平线成 $30°$,可利用 $30°$ 三角板方便画出,如图 2-2 所示。正等测的轴向伸缩系数都相等,即 $p=q=r\approx0.82$。实际作图时常采用简化伸缩系数,即 $p=q=r=1$,此时沿各轴向的所有尺寸都用真实长度量取,简单方便。虽然所画出的图形沿各轴向的长度都分别放大了 $1/0.82\approx1.22$ 倍,但对表达物体的形状并无影响。

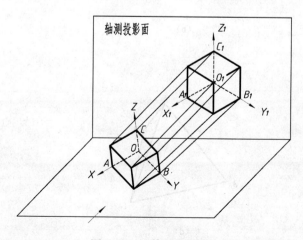

图 2-1 正等测的形成

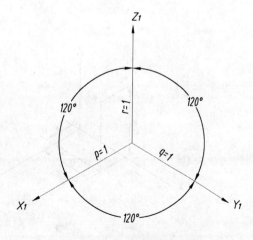

图 2-2 正等测的轴间角

2.1.2 平面立体的正等测画法

绘制正等轴测图的基本作图方法有坐标法、叠加法和切割法,其中坐标法是基础。这些方法也同样适用于其他种类的轴测图。

1. 坐标法

坐标法是根据物体上一些关键点的坐标值,沿着轴测轴方向进行度量,从而得到各点的轴测投影,再连成轮廓线。

例 2-1 画出图 2-3(a)所示三棱锥的正等测。

解:

(1) 在正投影图上确定出原点和坐标轴的位置。选定底面上的 B 点为坐标原点 O,如图 2-3(a)所示。

(2) 画轴测轴。根据 A,B,C 三点的坐标值画出其轴测投影 A_1,B_1,C_1,如图 2-3(b)所示。

(3) 根据 S 点的坐标值画出其轴测投影 S_1,如图 2-3(c)所示。

(4) 用直线段依次连接各点,并擦去作图线和不可见的轮廓线,加深可见的轮廓线,即完成三棱锥的正等测,如图 2-3(d)所示。

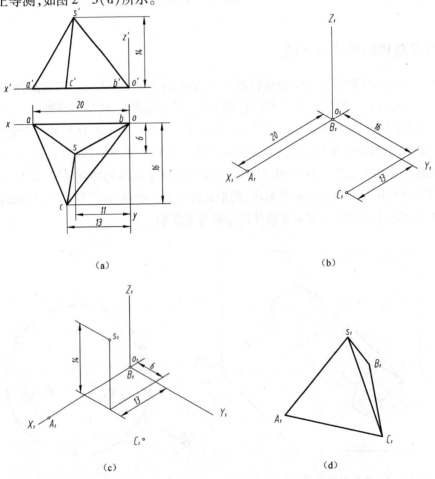

（a）　　　　　　　　　　（b）

（c）　　　　　　　　　　（d）

图 2-3　三棱锥的正等测画法

30

2. 切割法

根据立体的形状特点,对切割式组合体,可以先画出完整形体的轴测图后,再按形体的形成过程逐一切去多余的部分而得到所求的轴测图。

例2-2 根据图2-4(a)所示斜块的三视图,绘制其正等测。

解:利用形体分析法分析可知,斜块是由长方体先被一个正垂面切去左上角,又被一个铅垂面切去左前角,再被两个正平面和一个水平面切割一个四棱柱后形成的,作图步骤如下:

(1) 在正投影图上确定出原点和坐标轴的位置。选定右侧后下方的点为坐标原点 O,如图2-4(a)所示。

(2) 画轴测轴,沿 O_1X_1 轴、O_1Y_1 轴、O_1Z_1 轴分别量取尺寸30、18、24作长方体,如图2-4(b)所示。

(3) 沿 O_1X_1 轴、O_1Z_1 轴向分别量取尺寸9、10,切去左上角,如图2-4(c)所示;

(4) 沿 O_1X_1 轴、O_1Y_1 轴向分别量取尺寸20、9,切去前方的三棱柱,如图2-4(d)所示;

(5) 沿 O_1Y_1 轴、O_1Z_1 轴向分别量取尺寸5、4,切去右上方中间位置的四棱柱,形成一个方槽,如图2-4(e)所示。

(6) 擦去多余线条并加深可见的轮廓线,即完成斜块的正等测,如图2-4(f)所示。

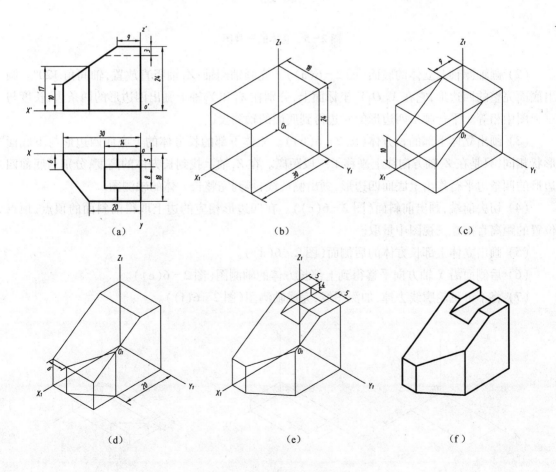

图2-4 斜块的正等测画法

3. 组合法

对由多个基本体组合而成的形体,可运用形体分析法先将其分解为几个简单的形体,然后按照各部分的位置关系分别画出它们的轴测图,并根据彼此表面过渡关系组合起来而形成轴测图。

例2-3 根据图2-5所示立体的三视图,绘制其正等测。

解:

(1) 在投影图上确定坐标轴(图2-5)。将原点 O 设在立体后端的右下顶点处。

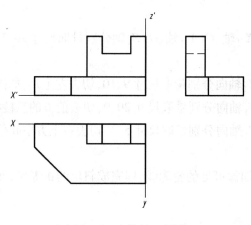

图2-5 立体的三视图

(2) 画轴测轴及立体的底面(图2-6(a))。先画轴测轴:Z_1 轴竖直放置,轴间角120°。画出底面完整的四边形,它在 $X_1O_1Y_1$ 坐标面上,分别在 X_1 和 Y_1 轴上画出四边形的两条边,长度与三视图中相等。平行画出四边形的对边得到底面的轴测投影。

(3) 画出立体下部的长方体(图2-6(b))。立体下部的长方体的上底面四边形与下底面形状相同,只是在 Z_1 轴方向往上平移了一段距离。在 Z_1 轴上找到长方体的高度,分别与底面四边形的四条边平行作出上底面四边形,画出侧棱线,得到完整长方体的轴测图。

(4) 切去前端,画出前斜面(图2-6(c))。在四边形相应的边上取得前斜面的顶点,顶点位置的距离直接在三视图中量取。

(5) 画出立体上部长方体的后侧面(图2-6(d))。

(6) 后侧面沿 Y 轴方向平移得到上部长方体的轴测图(图2-6(e))。

(7) 将不可见轮廓线去掉,加深图线,完成轴测图(图2-6(f))。

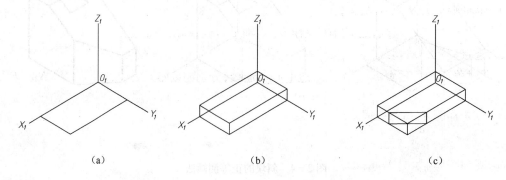

(a)　　　　　　　　　　　(b)　　　　　　　　　　　(c)

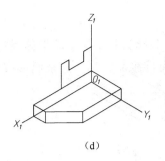 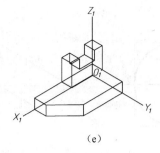 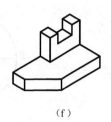

（d）　　　　　　　　　（e）　　　　　　　　　（f）

图 2-6　组合法作正等测

画正等轴测图时应注意:凡与坐标轴平行的线段,其轴向伸缩系数与相应轴的轴向伸缩系数相同,在轴测轴上可直接度量。而与坐标轴不平行的线段,其轴向伸缩系数与各轴的轴向伸缩系数都不同,不能直接度量。在绘制这些倾斜线段时,必须根据端点的坐标,先确定出这些端点的位置,然后再连线。

2.1.3　曲面立体的正等测画法

1. 平行于坐标面的圆的正等轴测图

在边长为 d 的立方体的三个平行于坐标面的面上,各有一个内切圆。三个正方形的正等测为三个菱形,而与正方形内切的三个圆的正等测就是内切于三个菱形的椭圆。如图 2-7 所示,用各轴向简化系数画出的正等测椭圆,其长、短轴长度分别约为 1.22d 和 0.7d。平行于坐标面的圆的正等测椭圆的长轴,垂直于与圆平面垂直的坐标轴的轴测轴;短轴平行于该轴测轴。如当圆平行于 H 面时,其相应的轴测椭圆的长轴垂直于 OZ 轴,短轴平行于 OZ 轴。

为简化作图,工程上通常采用近似画法画上述椭圆。图 2-8 所示为菱形四心椭圆法。先画出圆的外切正方形的正等测投影 ——菱形,再通过该菱形确定四个圆心,最后用四段圆弧连成近似椭圆。下面以平行于 H 面的圆为例,说明正等测近似椭圆的作图步骤。

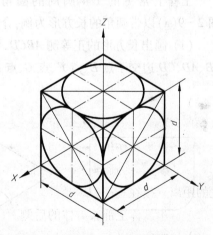

图 2-7　平行于坐标面的圆的正等测

（1）通过圆心画坐标轴,并画圆的外切正方形,切点分别为 a、b、c、d,如图 2-8（a）所示。

（2）画轴测轴,并从点 O_1 出发,在 O_1X_1 轴、O_1Y_1 轴上各量取圆的半径,得 A_1、B_1、C_1、D_1,通过 A_1、C_1 点作 O_1X_1 轴平行线,过 B_1、D_1 点作 O_1Y_1 轴平行线,画出一个菱形,即为外切正方形的轴测投影,连接菱形的对角线,如图 2-8（b）所示。

（3）通过菱形钝角顶点 E_1、G_1,向对边中心作连线,分别与菱形长对角线交于 M_1、N_1。E_1、G_1、M_1、N_1 点即为四段圆弧的圆心。分别以 E_1、G_1 点为圆心,E_1D_1（G_1A_1）为半径画两段圆弧 C_1D_1 和 A_1B_1,如图 2-8（c）所示。

（4）分别以 M_1、N_1 点为圆心,M_1A_1（N_1B_1）为半径画两段圆弧 A_1D_1 和 B_1C_1,与另两圆弧相切,即成近似椭圆,如图 2-8（d）所示。

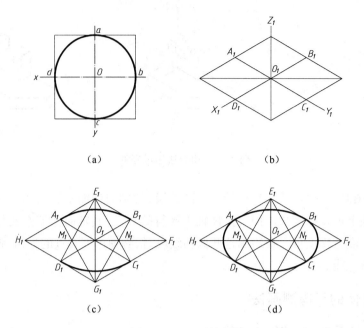

图 2-8　四心椭圆法

2. 平行于坐标面的圆角(圆弧)的正等轴测图

工程上常见的 1/4 圆周的圆角,其正等测是椭圆的一部分,可应用简化画法作图。图 2-9(a)以带圆角的长方形为例,介绍圆角的正等测的画法。

(1)画出长方形的正等测 $ABCD$,再分别以 A 点和 D 点为圆心,以 R 为半径画圆弧,分别与 AB、AD、CD 边交于点 E、点 F、点 G、点 H,如图 2-9(b)所示。

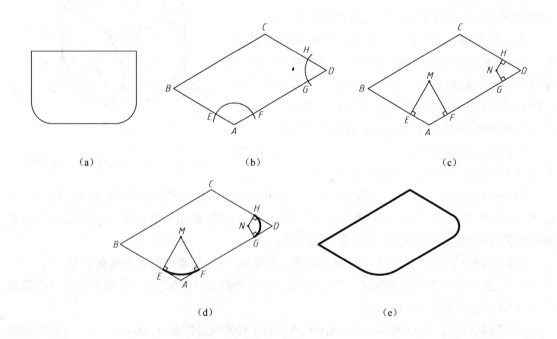

图 2-9　圆角(圆弧)的正等测

（2）过点 E 画 AB 边的垂线，过点 F 画 AD 边的垂线，相交于点 M；过点 G 画 AD 边的垂线，过点 H 画 CD 边的垂线，相交于 N 点，如图 2-9(c) 所示。

（3）分别以 M 点、N 点为圆心，以 ME、NH 为半径画两段圆弧 EF、GH，如图 2-9(d) 所示。

（4）擦除多余线段 EA、AF、GD、DH，得到带圆角的长方形的正等轴测图，如图 2-9(e) 所示。

3. 圆锥台的正等轴测图

掌握了圆的正等测的画法后，曲面立体的正等测就易画出了。图 2-10 所示为圆锥台的正等测画法。作图时，先根据圆锥台的直径和高，画出顶面椭圆，再用移心法画底面椭圆的下半椭圆（移心距离即为圆锥台高度），然后再画椭圆的公切线即可。

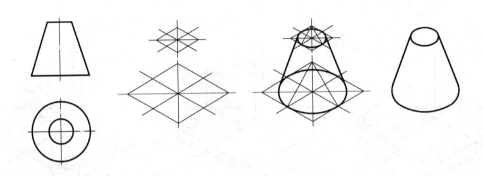

图 2-10　圆锥台的正等测

2.1.4　组合体的正等测画法

画组合体的轴测图时，应先采用形体分析法，分析组合体的组成部分、连接方式和相对位置，然后逐个画出每个组成部分的正等轴测图，最后按照它们的连接形式完成轴测图。画图时应注意由于切割或叠加而出现的交线或消失的轮廓线。

例 2-4　画出图 2-11(a) 所示轴承座的正等测。

解：轴承座由底板、套筒、支承板及肋板四部分组成。正等测的作图步骤如下：

（1）在视图中定坐标轴的位置。由于轴承座左右对称，原点取在如图 2-11(a) 所示位置，并定坐标轴。

（2）画底板。先画出底板的基本形状，接着完成凹槽、圆孔等结构，再画出圆角，如图 2-11(b)、图 2-11(c)、图 2-11(d) 所示。

（3）画套筒。确定出套筒的轴线和定位中心线后，先画前面可见的前端面，然后用移心法画后端面（不可见部分省略不画），如图 2-11(e)、图 2-11(f) 所示。

（4）画支承板。确定出支承板在底板上的位置，过支承板左、右端面与底板的交线的端点画套筒的切线，再画出支承板的前端面与套筒的交线（一段椭圆弧），如图 2-11(g) 所示；

（5）画肋板。如图 2-11(h) 所示。

（6）判断可见性，擦去多余的线条，并将轮廓线加深，如图 2-11(i) 所示。

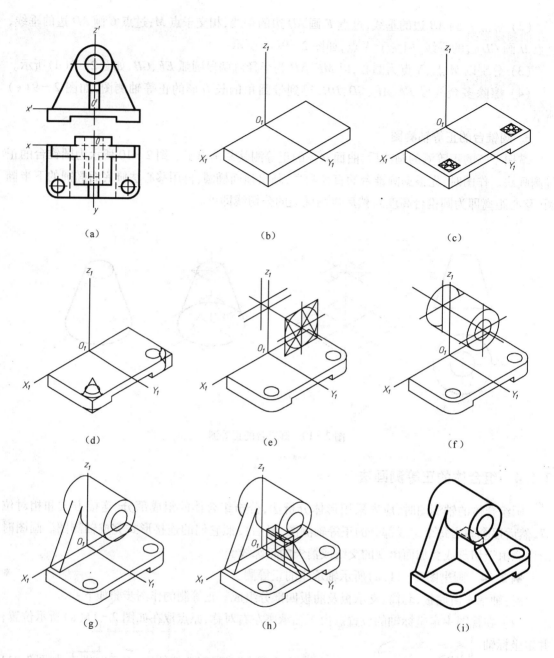

(a) (b) (c)

(d) (e) (f)

(g) (h) (i)

图 2 - 11 轴承座的正等测

2.2 斜二轴测图

2.2.1 轴间角和轴向伸缩系数

如图 2 - 12 所示,在斜轴测投影中通常将物体放正,使 XOZ 坐标面平行于轴测投影面,当投射方向与三个坐标轴都不平行时,则形成正面斜轴测图。由于 XOZ 坐标面与轴测投影面平行,所以 $\angle X_1 O_1 Z_1 = 90°$,其轴向伸缩系数 $p = r = 1$,因此,物体上平行于 XOZ 坐标面的任何图形在轴测投影面上的投影均反映实形;而轴测轴 O_1Y_1 的方向和轴向伸缩系数 q,随着投射方向的变化而变化,当 $q \neq 1$ 时,即为正面斜二测。

最常用的正面斜二测(简称斜二测)如图 2-13 所示,其轴间角 $\angle X_1O_1Z_1 = 90°$,$\angle X_1O_1Y_1 = \angle Y_1O_1Z_1 = 120°$,轴向伸缩系数 $p = r = 1$,$q = 0.5$。作图时,一般使 O_1Z_1 轴处于竖直位置,则 O_1X_1 轴为水平线,O_1Y_1 轴与水平方向成 $45°$,可利用 $45°$ 三角板方便地画出。

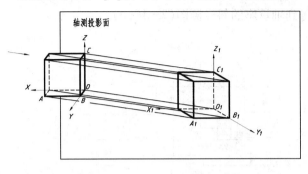

图 2-12　斜轴测投影

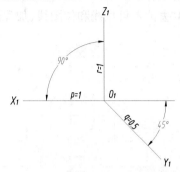

图 2-13　轴测轴及轴向伸缩系数

2.2.2　平行于坐标面的圆的斜二测

由于 XOZ 坐标面与轴测投影面平行,该坐标面或其平行面上的圆的斜二测仍然为圆,直径与实际圆相同。其他两个坐标面(或平行面)上圆的斜二测为椭圆,其长轴方向分别与 O_1X_1 轴和 O_1Z_1 轴倾斜 $7°$ 左右,如图 2-14 所示。

当物体在一个坐标面方向上的形状为圆、圆弧或者复杂曲线时,采用斜二测画法较为方便,此时可使该面平行于轴测投影面,从而其轴测投影仍为圆,作图简便;而当物体上两个或三个坐标面上都有圆时,则最好避免选用斜二测画椭圆,而适合选用正等测。

2.2.3　画法举例

例 2-5　画出图 2-15 所示轴承座的斜二测。

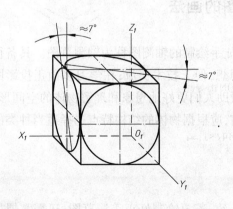

图 2-14　平行于坐标面的圆的斜二测

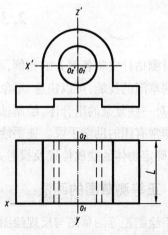

图 2-15　轴承座的三视图

解:

(1)在投影图上确定坐标轴(图 2-15)。将原点 O_1 设在前端面轴孔中心。

（2）画出的前端面的实形（与主视图完全一样，图2-16（a））。

（3）由圆心（原点 O_1）画出轴测轴 Y_1，在 Y_1 轴上找到 O_2 点（沿 Y_1 轴负方向距 O_1 点距离为 $L/2$），以 O_2 点为原点画出立体后端面的实形（这里就是将前端面图形由 O_1 点平移至 O_2 点），如图2-16（b）所示。

（4）画出前后端面可见的连接轮廓线及圆弧的公切线（图2-16（c））。

（5）去掉不可见线和作图线，加深图线，得到轴承座的斜二测图（2-16（d））。

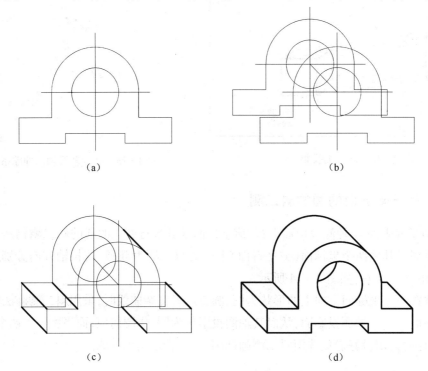

（a）　　　　　　　　　　　　（b）

（c）　　　　　　　　　　　　（d）

图2-16　轴承座的斜二轴测图

2.3　轴测草图的画法

以目测估计实物各部分的比例，不使用尺规而徒手绘制的轴测图称为轴测草图。具备徒手绘制轴测草图的技能，可以快速、形象地表达设计思想，便于技术交流；在学习多面正投影图的过程中，对一些复杂的组合体，绘制轴测草图可以帮助人们更好地想象和理解物体的空间形状，是一种非常有用的助学手段。徒手绘制轴测草图前，应根据物体的结构特点选择适当种类的轴测图，并确定物体的摆放位置及投射方向。

2.3.1　正等测草图的画法

徒手绘制正等测草图与尺规绘图的步骤基本一致，若要绘制好正等测草图，还需掌握如下技巧。

（1）为了使轴间角基本正确，可使用如图2-17所示方法绘制正等测的轴测轴。

（2）等分线段，利用对角线按比例放大、缩小图形及确定图形中心的方法，如图2-18、

图 2-19、图 2-20 所示。

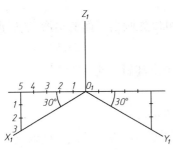

图 2-17 徒手绘制轴测轴

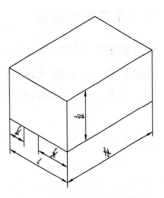

图 2-18 按比例划分线段

图 2-19 利用对角线缩放图形

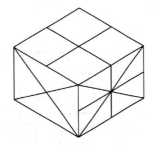

图 2-20 确定几何中心

（3）掌握正等测中不同方位的圆的轴测投影椭圆的方向及画法。轴测草图中的投影椭圆画法与尺规绘图一样,仍可以采用"四心椭圆法"绘制。注意菱形长对角线的方向即为椭圆的长轴,椭圆与菱形相切于各边中点,如图 2-21 所示。对各坐标面的椭圆的方位、形状熟悉后也可直接勾画;也可借助同心椭圆进行等间距缩放,画出其他椭圆。

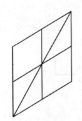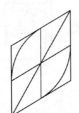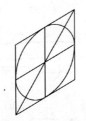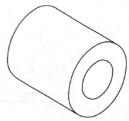

图 2-21 正等轴测草图中椭圆画法

（4）绘制正等测草图时,常采用"方箱法"。先画出某基本体的包容长方体,然后再勾画细节,例如,进行挖切、叠加或绘制圆的投影椭圆等,如图 2-22 所示。

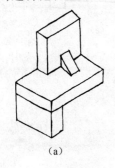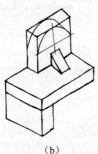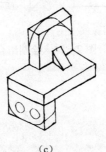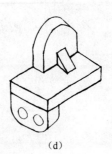

（a）　　　　　　（b）　　　　　　（c）　　　　　　（d）

图 2-22 方箱法画正等轴测草图

2.3.2 斜二测草图的画法

由于斜二测能表达物体正面的实际形状,故画图时,可以先画出正面的实形,然后沿轴测轴方向再绘制物体的深度轮廓线,即可得到物体的斜二测。

例2-6 根据图2-23(a)所示立体的两面投影图,画出其斜二测。

解:

(1)绘制物体前面的实形(正投影),如图2-23(b)所示。

(2)绘制与水平线成45°的各对应的平行线,在适合深度(1/2宽度尺寸)截取线条,画出后面的实形,如图2-23(c)、图2-23(d)所示。

(3)擦去辅助线,加深轮廓线,如图2-23(e)所示。

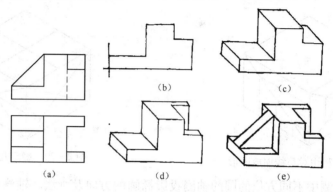

图2-23 绘制组合体的斜二测草图(一)

如图2-24所示为根据主、俯视图绘制物体的斜二轴测图。

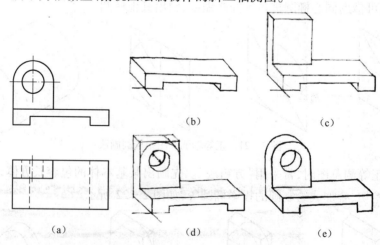

图2-24 绘制组合体的斜二测草图(二)

第3章 通用零部件的画法

在机器或部件的装配过程中,广泛使用螺纹紧固件、键、销等连接件。在机械传动、支承、减振等方面大量使用齿轮、轴承、弹簧等。这些通用的零部件,称为标准件和常用件。标准件和常用件由专用机床和刀具进行生产。国家有关部门对其颁布了国家标准。

为了绘图方便,国家标准对标准件和常用件的画法作了规定。凡是有规定画法的按规定画法画,没有规定画法的按正投影法画。

3.1 螺纹和螺纹紧固件

由于螺纹及螺纹紧固件的真实投影比较复杂,而它们都是标准结构,因此不用画出真实投影。为了简化作图,GB/T 4459.1—1995《机械制图 螺纹及螺纹紧固件表示法》作了明确规定。

3.1.1 螺纹

1. 螺纹的规定画法

1) 外螺纹

外螺纹的规定画法如图 3-1 所示。

(1) 螺纹大径(牙顶)用粗实线表示,小径(牙底)用细实线表示,小径通常画成大径的 0.85 倍。

(2) 在非圆视图上,小径线画至螺杆端部(在倒角和倒圆部分也应画出);螺纹终止线画成粗实线。

(3) 在垂直于螺纹轴线的投影面视图上,大径画粗实线圆,而表示小径的细实线圆约画3/4 圈,此时倒角圆省略不画。

(4) 当需要表示螺尾时,螺尾部分的牙底用与轴线成 30° 角的细实线绘制,一般情况下螺尾省略不画。

(5) 在剖视图或断面图中,剖面线必须画到粗实线处,螺纹终止线只画出大径和小径之间的一小段粗实线,如图 3-1(b)所示。

2) 内螺纹

内螺纹通常画成剖视图,其规定画法如图 3-2 所示。

(1) 在剖视图中,内螺纹的大径(牙底)用细实线绘制,小径(牙顶)用粗实线绘制,螺纹终止线用粗实线绘制。

(2) 在圆视图上,小径画粗实线圆,而表示大径的细实线圆约画 3/4 圈,且螺纹孔上倒角的投影圆省略不画。

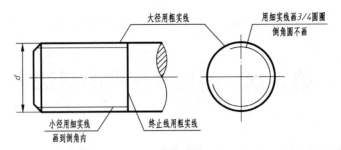

（a）圆杆上外螺纹画法

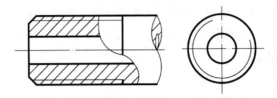

（b）圆管上外螺纹画法

图 3-1　外螺纹的规定画法

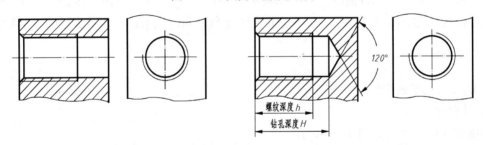

（a）内螺纹孔　　　　　　　　（b）不穿通的内螺纹孔

图 3-2　内螺纹的规定画法

（3）在剖视图或断面图中,剖面线必须画到粗实线处。

（4）非圆视图上,螺尾部分的画法与外螺纹相同,一般不需画出。

（5）内螺纹未剖切时,其大径、小径和螺纹终止线均用虚线表示。

（6）绘制不穿通的螺纹孔时,一般应将钻孔深度与螺纹深度分别画出,且钻孔深度一般应比螺纹深度大 0.5D,钻头头部的锥角画成 120°。

螺纹孔相贯时,只画出钻孔的交线（用粗实线表示）,如图 3-3 所示。

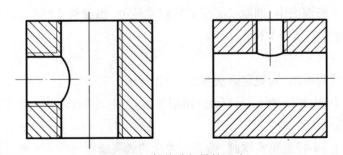

图 3-3　螺纹孔相贯的画法

3）内、外螺纹的连接画法

在装配图上画内外螺纹连接时,通常采用剖视图表示,其画法如图3-4所示。

（1）在剖视图中,内、外螺纹的旋合部分按外螺纹的画法绘制,其余部分按各自的规定画法画出。

（2）当剖切面通过实心螺杆的轴线时,螺杆按不剖绘制。

（3）表示内、外螺纹的大径或小径的粗、细实线应对齐。

（4）剖面线画到粗实线,且相邻两零件的剖面线的方向或间隔应不同。

（5）在管螺纹中,圆柱内螺纹与圆锥外螺纹连接时,螺纹旋合部分按圆柱螺纹画。

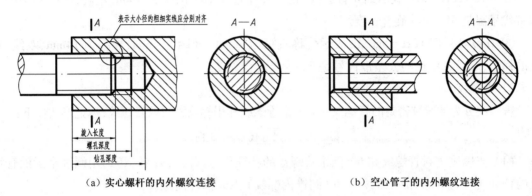

（a）实心螺杆的内外螺纹连接   （b）空心管子的内外螺纹连接

图3-4　螺纹连接的规定画法

2. 螺纹的标记

由于各类螺纹的用途各不相同,因此在图样中,为了便于区分螺纹的种类和规格,必须对螺纹进行标记。标准螺纹的标记形式如下:

| 螺纹代号 | — | 螺纹公差带代号(中径、顶径) | — | 螺纹旋合长度代号 |

（1）"螺纹代号"表示所注螺纹的"五要素",即牙型符号、公称直径、螺距和导程、线数及旋向;

（2）"螺纹公差带代号"表示螺纹的精度要求,分别由公差等级数字和基本偏差代号组成,如6H,7g等,注写时外螺纹用小写字母,内螺纹用大写字母。当中径和顶径公差带代号相同时,只注一项;当两者不同时应依次标注中径公差带代号和顶径公差带代号,如5h6h。

（3）"旋合长度代号"表示螺纹连接时对旋合长度的要求,有"中等旋合长度N"、"短旋合长度S"和"长旋合长度L"之分,中等旋合长度N可以省略不注。

各类螺纹的标记形式具体如下。

1）普通螺纹、梯形螺纹和锯齿形螺纹

（1）粗牙普通螺纹和细牙普通螺纹均用"M"作为特征代号;梯形螺纹用"Tr"作为特征代号;锯齿形螺纹用"B"作为特征代号。

（2）普通螺纹和梯形螺纹的公称直径均为螺纹的大径。

（3）粗牙普通螺纹不注螺距,单线螺纹导程与螺距相同,"导程(P 螺距)"一项改为"螺距"。

（4）右旋螺纹不标旋向,左旋螺纹标注"LH"。

（5）梯形螺纹只标注中径公差带代号；当内、外螺纹装配在一起时，其公差带代号可用斜线分开，左边表示内螺纹公差带代号，右边表示外螺纹公差带代号。

梯形螺纹标记形式如下：

$$\boxed{\text{特征代号}}\;\boxed{\text{公称直径}}\times\boxed{\text{导程}(P\;\text{螺距})}\;\boxed{\text{旋向}}-\boxed{\text{公差带代号}}-\boxed{\text{旋合长度代号}}$$

标记示例如下：

① M10-5g6g-S：表示粗牙普通外螺纹，公称直径 10mm，右旋，中径公差带代号 5g，顶径公差带代号是 6g，为短旋合长度。

② M10×1LH-6H：表示细牙普通内螺纹，公称直径 10mm，螺距 1mm，左旋，中径和顶径公差带代号都是 6H，中等旋合长度。

③ Tr40×14(P7)LH-5g-L：表示公称直径为 40mm、螺距为 7mm、导程为 14mm、双线、左旋的梯形外螺纹，中径的公差带代号是 5g，为长旋合长度。

2）管螺纹

管螺纹分为非螺纹密封的管螺纹、60°圆锥管螺纹和用螺纹密封的管螺纹，标记形式如下：

$$\boxed{\text{特征代号}}\;\boxed{\text{尺寸代号}}-\boxed{\text{旋向}}$$

（1）非螺纹密封管螺纹和 60°圆锥管螺纹的特征代号依次为 G 和 NPT，用螺纹密封的管螺纹的特征代号为 R（圆锥外螺纹）、Rc（圆锥内螺纹）、Rp（圆柱内螺纹）；

（2）尺寸代号（公称直径）是指刻有外螺纹管子的孔径，而不是螺纹的大径或者小径，单位为英寸（in）；非螺纹密封的管螺纹的大径、小径和螺距，可由尺寸代号从国家标准中查出。

（3）对于管螺纹，只有非螺纹密封的外管螺纹的公差等级分 A、B 两种，应该标记，其余的管螺纹只有一种公差等级，故不加标记。

（4）当螺纹为左旋时，应在最后加注"LH"，并用"—"隔开。

标记示例如下：

① G3/4A-LH：表示尺寸代号为 3/4 英寸的左旋非螺纹密封的 A 级外管螺纹。

② Rc1/2：表示尺寸代号为 1/2 英寸的右旋圆锥内管螺纹。

3. 螺纹的标注

凡是牙型、直径和螺距都符合国家标准的螺纹称为标准螺纹。由于螺纹采用了规定画法，没有完全表示出螺纹要素及其精度等，因此需要在图样中对螺纹进行标注。

普通螺纹、梯形螺纹等常用标准螺纹在图样中的标注形式与尺寸标注形式相同，即一般采用尺寸界线和尺寸线的标注形式（从大径处引出尺寸界线），如图 3-5 所示；而管螺纹采用从螺纹大径处引出标注或由对称中心处引出标注，如图 3-6 所示。非标准螺纹则需画出牙型，直接将大径、小径、螺距及导程等要素标注在图样中，如图 3-7 所示。

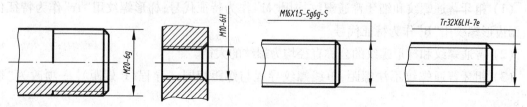

图 3-5　螺纹的标注

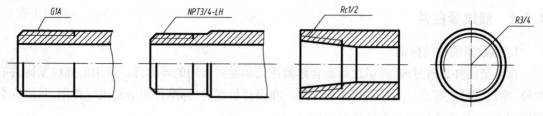

图 3-6 管螺纹的标注

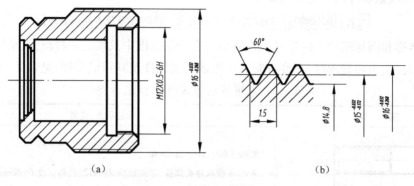

(a)   (b)

图 3-7 非标准螺纹的标注

图样中螺纹长度一般按螺纹的有效长度标注,不含螺尾部分,如图 3-8 所示;否则,需按实际标注,如图 3-9 所示。

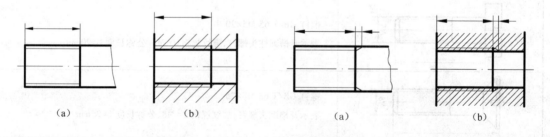

(a)   (b)   (a)   (b)

图 3-8 螺纹长度标注   图 3-9 需要时标注螺尾长度

需要时在装配图中要对螺纹副进行标注,其标注方法与螺纹的标注相同,如图 3-10所示。

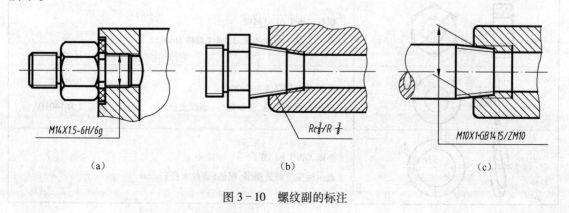

(a)   (b)   (c)

图 3-10 螺纹副的标注

3.1.2 螺纹紧固件

1. 螺纹紧固件的标记

螺纹紧固件是通过内、外螺纹的旋合起到连接和紧固作用的零部件。常用的螺纹紧固件有螺栓、螺钉、螺柱、螺母、垫圈等,均为标准件。在设计机器时,标准件不必画出零件图,只需在装配图中画出,并注明所用标准件的标记即可。

标准的螺纹紧固件的标记规定如下:

| 名称 | 国标编号 | 螺纹规格×公称长度 | 性能等级及表面热处理 |

其中,名称和国标编号中的年号允许省略。当产品标准中只规定一种形式、精度、性能等级或材料及热处理、表面处理时,允许省略。常用螺纹紧固件及其标记示例,见表3-1。

表3-1 常用螺纹紧固件的标记示例

图　　例	标记示例、说明
	螺栓 GB/T 5782 M12×80 表示 A 级六角头螺栓,螺纹规格 $d=$M12、公称长度 $l=$80mm
	螺柱 GB/T 897 M10×50 表示 A 型、$b_m=d$ 的双头螺柱,两端均为粗牙普通螺纹,螺纹规格 $d=$M10、公称长度 $l=$50mm
	螺钉 GB/T 65 M5×20 表示开槽圆柱头螺钉,螺纹规格 $d=$M5、公称长度 $l=$20mm
	螺钉 GB/T 68 M8×25 表示开槽沉头螺钉,螺纹规格 $d=$M8、公称长度 $l=$25mm
	螺钉 GB/T 71 M12×40 表示开槽锥端紧定螺钉,螺纹规格 $d=$M12、公称长度 $l=$40mm
	螺母 GB/T 6170 M12 表示 A 级 1 型六角螺母,螺纹规格 $D=$M12
	垫圈 GB/T 97.1 8-140HV 表示 A 级平垫圈,公称规格(螺纹大径)$d=$12mm、性能等级为 140HV
	垫圈 GB/T 93 20 表示标准型弹簧垫圈,规格(螺纹大径)20mm

2. 螺纹紧固件的比例画法

为简化作图,在画螺纹紧固件时,一般采用比例画法,即除公称长度外,其余各部分尺寸都按与公称直径的比例确定,如图3-11所示为常用紧固件的比例画法。

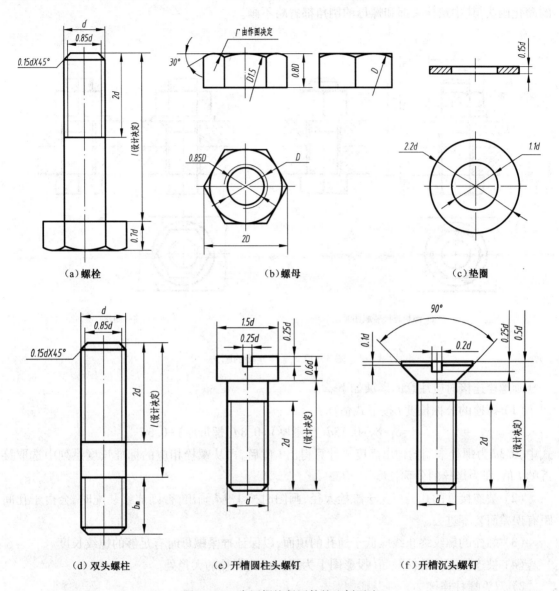

(a) 螺栓   (b) 螺母   (c) 垫圈

(d) 双头螺柱   (e) 开槽圆柱头螺钉   (f) 开槽沉头螺钉

图3-11 常用螺纹紧固件的比例画法

3. 螺纹紧固件的连接画法

螺纹紧固件的连接画法,应遵守下述基本规定:

(1)相邻两零件的接触表面画一条线,不接触表面画两条线。

(2)两零件邻接时,不同零件的剖面线方向应相反,或者方向相同而间隔不等。但同一零件各视图中的剖面线方向和间隔要一致。

(3)在剖视图中,当剖切平面通过标准件和实心零件(如螺钉、螺栓、螺母、垫圈、键、销、球及轴等)的轴线时,这些零件按不剖绘制;需要时,可采用局部剖视。

1) 螺栓连接

画螺栓连接装配图时,通常采用比例画法,即除了被连接件厚度 δ_1、δ_2 外,其他所有尺寸都可根据公称直径 d 按比例关系画出,如图 3-12(a)所示。在装配图中,常采用图 3-12(b)所示的简化画法,其中螺栓头部和螺母的倒角都省略不画。

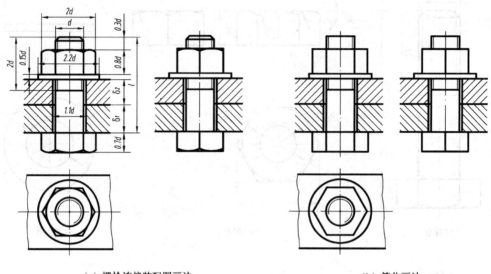

（a）螺栓连接装配图画法   （b）简化画法

图 3-12　螺栓连接的画法

画螺栓连接时应注意的事项如下。

（1）螺栓的公称长度 l 按下式估算:

$$l = \delta_1 + \delta_2 + 0.15d(\text{垫圈厚}) + 0.8d(\text{螺母厚}) + 0.3d$$

式中,$0.3d$ 为螺栓末端的伸出高度。计算得出 l 值后,再从螺栓相应的标准长度系列中选取接近的 l 值,即为螺栓的公称长度。

（2）被连接件的孔径应大于螺栓大径,画图时按 $1.1d$ 画出,否则成组装配时,会由于孔间距有误差而装不进去。

（3）螺栓的螺纹终止线应低于通孔的顶面,以保证拧紧螺母时有足够的螺纹长度。

（4）被连接零件的接触面(投影图上为线),画到螺栓的大径处。

2) 双头螺柱连接

绘制双头螺柱的连接图时,同样采用比例画法,其画法与螺栓连接大致相同,即除了被连接件厚度 δ、螺柱旋入端长度 b_m 外,其他所有尺寸都可根据公称直径 d 按相应的比例关系画出,如图 3-13(a)所示。

画螺柱连接时应注意的事项。

（1）螺柱的公称长度 l 按下式估算:

$$l = \delta + 0.15d(\text{垫圈厚}) + 0.8d(\text{螺母厚}) + 0.3d$$

计算得出 l 值后,再从螺柱相应的标准长度系列中选取接近的 l 值,即为螺柱的公称长度。

（2）旋入端的螺纹长度 b_m 由带螺孔的被连接件的材料决定,有四种不同规格,螺柱相应有

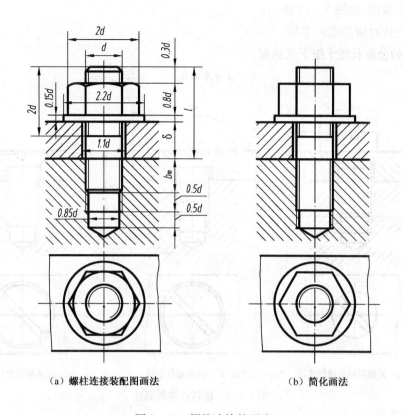

（a）螺柱连接装配图画法　　　　　　（b）简化画法

图 3－13　螺柱连接的画法

四种国标编号,见表 3－2。

（3）螺柱旋入端的螺纹终止线应与两被连接件接触面的投影线平齐。

（4）为确保旋入端全部旋入,零件上的螺孔深度应大于螺柱旋入端的螺纹长度 b_m。在画图时,螺孔深度可按 $b_m+0.5d$ 画出;钻孔深度可按 b_m+d 画出,钻孔锥角应为 120°。

（5）在装配图中,对于不穿通的螺孔,也可以不画出钻孔深度,而仅按螺纹的深度画出;六角螺母及螺柱头部的倒角也可以省略不画,如图 3－13(b)所示。

表 3－2　双头螺柱旋入端长度参考值

国标编号	旋入端长度 b_m	连接件材料
GB/T 897—1988	$b_m = d$	钢和青铜
GB/T 898—1988	$b_m = 1.25d$	铸铁
GB/T 899—1988	$b_m = 1.5d$	铸铁或铝合金
GB/T 900—1988	$b_m = 2d$	铝合金

3）螺钉连接

螺钉按用途不同可分为连接螺钉和紧定螺钉两类。

（1）连接螺钉。螺钉连接部分的画法与双头螺柱旋入端的画法基本一致,圆柱头和沉头螺钉连接的规定画法,如图 3 – 14 所示。

画螺钉连接时应注意的事项。

① 螺钉的公称长度 l 按下式估算:

$$l = \delta + b_{\mathrm{m}}$$

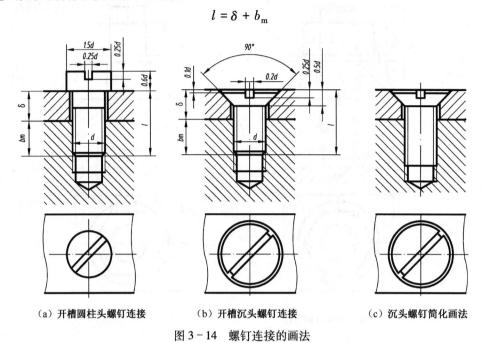

（a）开槽圆柱头螺钉连接　　　（b）开槽沉头螺钉连接　　　（c）沉头螺钉简化画法

图 3 – 14　螺钉连接的画法

式中,b_{m} 根据被旋入零件的材料而定(见双头螺柱连接)。计算得出 l 值后,再从螺钉相应的标准长度系列中选取接近的 l 值,即为螺钉的公称长度。

② 螺钉连接图的画法除头部形状以外,其他部分与螺柱连接相似,只是螺钉的螺纹终止线必须画在两连接件接触面之上,或者全长都有螺纹,表示螺钉还有拧紧的余地。

③ 螺钉头部的一字槽,在通过螺钉轴线剖切的剖视图上,应按垂直于投影面的位置画出,而在垂直于螺钉轴线的投影面上的投影应倾斜 45°画。

（2）紧定螺钉。与螺栓、双头螺柱和螺钉不同,紧定螺钉是靠端部压紧来固定两个零件的相对位置,使它们不产生相对运动。紧定螺钉分为柱端、锥端和平端三种。

柱端紧定螺钉利用其端部小圆柱插入零件小孔(图 3 – 15(a))或环槽(图 3 – 15(c))中起定位、固定作用,阻止零件移动。锥端紧定螺钉利用端部锥面顶入零件上小锥坑(图 3 – 15(b))起定位、固定作用。平端紧定螺钉则依靠其端平面与零件的摩擦力起定位作用。

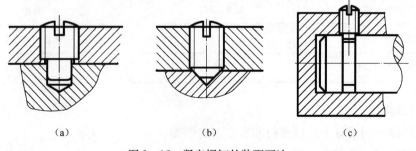

（a）　　　　　　　（b）　　　　　　　（c）

图 3 – 15　紧定螺钉的装配画法

50

3.2 键 和 销

3.2.1 键及其连接

1. 键的画法及标记

常用的键有普通平键、半圆键和钩头楔键,它们的画法和标记,如表3-3所列。普通平键是应用最多,其结构形式有三种:A型(圆头)、B型(方头)和C型(单圆头)三种,如图3-16所示。在标记时,A型平键省略字母A;B型和C型应写出字母B或C。

表3-3 键的标准编号、画法和标记示例

名称及标准编号	图 例	标记示例
普通平键 GB/T 1096—2003	A型	GB/T 1096 键 18×11×100 表示键宽 $b=18$mm,键高 $h=11$mm, 键长 $L=100$mm 的 A 型普通平键
半圆键 GB/T 1099.1—2003		GB/T 1099.1 键 6×25 表示键宽 $b=6$mm,键高 $h=10$mm, 直径 $d_1=25$ mm, 键长 $L=24.5$mm 的半圆键
钩头楔键 GB/T 1565—2003	1:100	GB/T 1565 键 18×100 表示键宽 $b=18$mm,键高 $h=11$mm, 键长 $L=100$mm 的钩头楔键

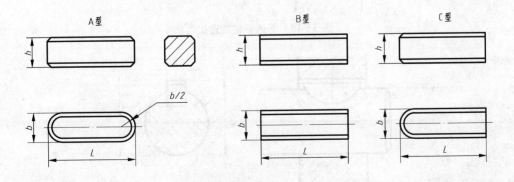

图3-16 普通平键的结构形式

51

2. 键槽的画法

平键连接中,轴上的键槽和轮毂上键槽的画法及尺寸注法,如图 3-17 所示。

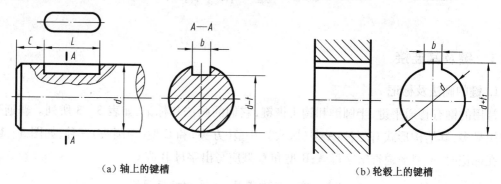

（a）轴上的键槽　　　　　　　　　　　　　（b）轮毂上的键槽

图 3-17　键槽的画法和尺寸标注

3. 键连接的画法

1）普通平键连接

画平键连接装配图时,应已知轴的直径和键的形式,然后根据直径查阅标准,确定键和键槽的剖面尺寸,并选定键的标准长度 L。

如图 3-18 所示为普通平键连接的装配图画法,其中主视图为通过轴的轴线和键的纵向对称平面剖切后画出的,根据国标规定,此时轴和键均按不剖绘制。为了表示键在轴上的装配情况,轴采用了局部剖视。左视图为全剖视图。图中,键的两侧面和下底面分别与键槽侧面和槽底面相接触,应画一条线;而键的上顶面与轮毂的键槽顶面之间应留有间隙,画成两条线。

2）半圆键连接·

半圆键连接与普通平键连接相似,其装配图画法,如图 3-19 所示。由于半圆键在键槽中能绕槽底圆弧摆动,可以自动适应轮毂中键槽的斜度,因此适用于具有锥度的轴。

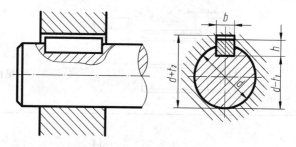

图 3-18　普通平键的连接画法

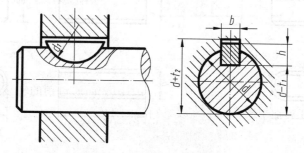

图 3-19　半圆键的连接画法

3）钩头楔键连接

图 3-20 所示为钩头楔键连接的装配图画法。钩头楔键的顶面有 1：100 的斜度,连接时将键打入键槽。键的顶面和底面是工作面,与槽底和槽顶都没有间隙,画成一条线;而键的两侧为非工作面,与键槽两侧有间隙,应画成两条线。

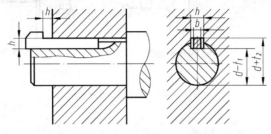

图 3-20　钩头楔键的连接画法

3.2.2　销及其连接

1. 销的画法及标记

销是标准件,其结构形式、尺寸和标记都可以在相应的国家标准中查得。表 3-4 为常用销的形式、简图、规定标记,其他类型的销可参阅有关标准。

表 3-4　常用销的画法及规定标记

名称及标准编号	图　例	标记及说明
圆柱销 GB/T 119.1—2000	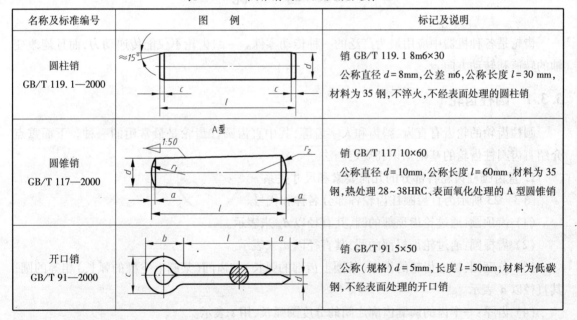	销 GB/T 119.1 8m6×30 公称直径 d = 8mm,公差 m6,公称长度 l = 30 mm,材料为 35 钢,不淬火,不经表面处理的圆柱销
圆锥销 GB/T 117—2000		销 GB/T 117 10×60 公称直径 d = 10mm,公称长度 l = 60mm,材料为 35 钢,热处理 28~38HRC、表面氧化处理的 A 型圆锥销
开口销 GB/T 91—2000		销 GB/T 91 5×50 公称(规格)d = 5mm,长度 l = 50mm,材料为低碳钢,不经表面处理的开口销

2. 销连接的画法

图 3-21 所示为常用三种销的连接画法。当剖切平面通过销的轴线时,销按不剖处理,画轴上的销连接时,通常对轴采用局部剖,表示销和轴之间的配合关系。

用圆柱销和圆锥销连接零件时,装配要求较高,被连接零件的销孔一般在装配时同时加工,并在零件图上注明"与××件配作",如图 3-22 所示。圆锥销孔的尺寸应引出标注,其中 $\phi4$ 是所配圆锥销的公称直径(它的小端直径)。

53

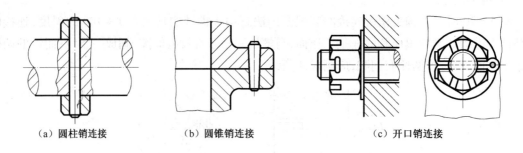

（a）圆柱销连接   （b）圆锥销连接   （c）开口销连接

图 3 - 21　销连接的画法

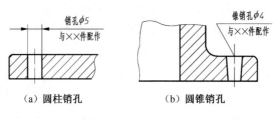

（a）圆柱销孔   （b）圆锥销孔

图 3 - 22　销孔的尺寸标注

3.3　齿　　轮

齿轮是各种机器中应用最为广泛的一种传动零件。一组齿轮不仅能传递动力,而且能改变轴的转速和转动方向。

3.3.1　圆柱齿轮

圆柱齿轮的轮齿有直齿、斜齿和人字齿等,其中直齿圆柱齿轮是最常用的一种。下面重点介绍直齿圆柱齿轮的基础知识和规定画法。

1. 直齿圆柱齿轮各部分的几何要素和尺寸关系

图 3 - 23 所示为直齿圆柱齿轮各部分名称和代号。

（1）齿顶圆:通过轮齿顶部的圆,其直径以 d_a 来表示。

（2）齿根圆:通过轮齿根部的圆,其直径以 d_f 来表示。

（3）分度圆:标准齿轮的齿厚(某圆上齿部的弧长)与齿间(某圆上空槽的弧长)相等的圆,其直径以 d 表示。

（4）齿厚:一个齿的两侧齿廓之间的分度圆弧长,用 s 表示。

（5）槽宽:一个齿槽的两侧齿廓之间的分度圆弧长,用 e 表示。

（6）齿顶高:齿顶圆与分度圆之间的径向距离,用 h_a 表示。

（7）齿根高:齿根圆与分度圆之间的径向距离,用 h_f 表示。

（8）齿高:齿顶圆与齿根圆之间的径向距离,以 h 表示,故 $h = h_a + h_f$。

（9）齿距:分度圆上相邻两齿的对应点之间的弧长,用 p 表示,故 $p = s + e$。

（10）齿数:一个齿轮的轮齿总数,用 z 表示。

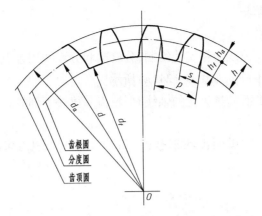

图 3-23　直齿圆柱齿轮各部分名称及尺寸代号

（11）模数:齿距 p 与 π 的比值,即 $m = p/\pi$。显然,m 是反映轮齿大小和强度的一个参数。为了设计和制造方便,已经将模数标准化,模数的标准值见表 3-5。

表 3-5　渐开线圆柱齿轮标准模数　　　　　　　　（单位:mm）

第一系列	0.1	0.12	0.15	0.2	0.25	0.3	0.4	0.5	0.6	0.8	1
	1.25	1.5	2	2.5	3	4	5	6	8	10	12
	16	20	25	32	40	50	—	—	—	—	—
第二系列	0.35	0.7	0.9	1.75	2.25	2.75	(3.25)	3.5	(3.75)	4.5	5.5
	(6.5)	7	9	(11)	14	18	22	28	36	45	—

注:1. 选用模数时,应优先选用第一系列,其次是第二系列,括号内的模数尽可能不用;
　　2. 对于斜齿轮是指法向模数

（12）压力角:齿廓曲线在分度圆上的一点处的速度方向与曲线在该点处的法线方向(力的作用线方向)之间所夹锐角,用 α 表示。我国标准齿轮的分度圆压力角为 20°。

（13）传动比:主动齿轮的转速 n_1(r/min)与从动齿轮的转速 n_2(r/min)之比,即 $i = n_1/n_2$。由于转速与齿数成反比,主、从齿数单位时间内转过的齿数相等,即 $n_1 z_1 = n_2 z_2$,由此可得 $i = n_1/n_2 = z_2/z_1$。

在设计齿轮时要先确定模数和齿数,其他各部分尺寸都可由模数和齿数计算出来。标准直齿圆柱齿轮的计算公式,见表 3-6。

表 3-6　标准直齿圆柱齿轮的计算公式

名　　称	代　号	计 算 公 式
分度圆直径	d	$d = mz$
齿顶高	h_a	$h_a = m$
齿根高	h_f	$h_f = 1.25m$
齿顶圆直径	d_a	$d_a = m(z+2)$
齿根圆直径	d_f	$d_f = m(z-2.5)$
齿距	p	$p = m\pi$
齿厚	s	$s = m\pi/2$
中心距	a	$A = (d_1+d_2)/2 = m(z_1+z_2)/2$

55

2. 圆柱齿轮的规定画法

1）单个圆柱齿轮画法

在视图中,齿顶圆和齿顶线用粗实线绘制,分度圆和分度线用细点画线绘制,齿根圆和齿根线用细实线绘制(可省略不画),如图 3-24(a)所示。

在剖视图中,当剖切平面通过齿轮的轴线时,轮齿一律按不剖处理。这时,齿根线用粗实线绘制,如图 3-24(b)所示。

当需要表示斜齿与人字齿的齿线形状时,可用三条与齿线方向一致的细实线表示,如图 3-24(c)、(d)所示。

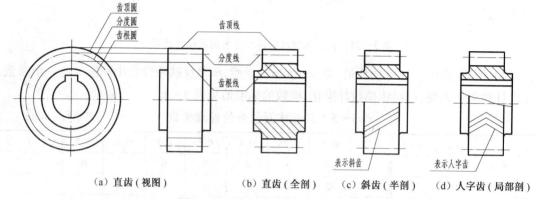

(a) 直齿(视图)　　　(b) 直齿(全剖)　　　(c) 斜齿(半剖)　　　(d) 人字齿(局部剖)

图 3-24　单个圆柱齿轮的规定画法

2）圆柱齿轮啮合的画法

在平行于圆柱齿轮轴线的投影面的视图上,一般画成剖视图,剖切平面通过两啮合齿轮的轴线。在啮合区内,两齿轮的分度线重合为一条线,画成点画线;两齿轮的齿根线均画成粗实线;一个齿轮的齿顶线画成粗实线,另一个齿轮的齿顶线及其轮齿被遮挡的部分的投影均画成虚线,如图 3-25(a)所示;也可省略不画,如图 3-25(b)所示。当平行于圆柱齿轮轴线的投影面的视图画成外形视图时,啮合区内只需画出一条分度线,并改用粗实线表示,如图 3-25(c)所示。

在垂直于圆柱齿轮轴线的投影面的视图上,表示两个齿轮分度圆的点画线圆应相切。啮合区内的齿顶圆仍用粗实线画出,也可省略不画,图 3-25(d)、(e)所示。

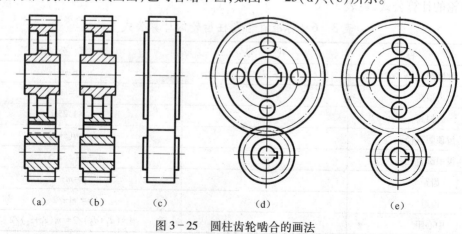

(a)　　　(b)　　　(c)　　　(d)　　　(e)

图 3-25　圆柱齿轮啮合的画法

3) 齿轮与齿条啮合的画法

齿轮和齿条啮合时,齿轮旋转,齿条作直线运动。其画法与两圆柱齿轮啮合的画法基本相同,这时齿轮的分度圆应与齿条的分度线相切,如图 3-26 所示。

3.3.2 圆锥齿轮

1. 单个直齿圆锥齿轮的画法

单个圆锥齿轮的主视图常采用全剖视图,如图 3-27 中的主视图所示。而左视图常用不剖的外形视图表示。用粗实线画出大端和小端的齿顶圆;用细点画线画出大端的分度圆,齿根圆及小端分度圆均不必画出,如图 3-27 中的左视图所示。

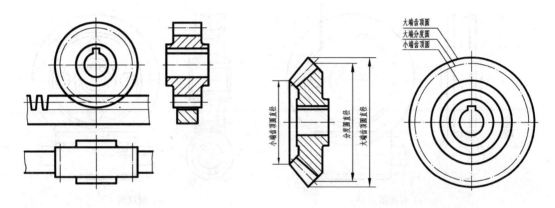

图 3-26 齿轮与齿条啮合的画法   图 3-27 单个圆锥齿轮的画法

2. 直齿圆锥齿轮的啮合画法

如图 3-28 所示为一对直齿圆锥齿轮啮合的画法,两齿轮轴线相交成 90°,两分度圆锥相切,它们的锥顶交于一点。

主视图常画成剖视图,当剖切平面通过两啮合齿轮的轴线时,在啮合区内,将一个齿轮的轮齿用粗实线绘制,另一个齿轮轮齿被遮挡的部分用虚线绘制,如图 3-28(a) 所示的主视图所示。如图 3-28(b) 所示为外形图,啮合区内的节线用粗实线绘制。

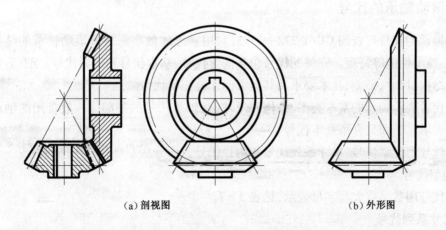

(a) 剖视图   (b) 外形图

图 3-28 直齿圆锥齿轮啮合的画法

57

3.3.3 蜗轮蜗杆

如图 3-29 所示为蜗轮、蜗杆啮合的画法。在垂直于蜗轮轴线的投影面的视图上,蜗轮的分度圆与蜗杆的分度线应相切,啮合区内的齿顶圆和齿顶线用粗实线画出;在垂直于蜗杆轴线的视图上,啮合区内只画蜗杆不画蜗轮,如图 3-29(a) 所示。

在剖视图中,当剖切平面通过蜗轮轴线并垂直于蜗杆轴线时,在啮合区内,将蜗杆的轮齿用粗实线表示,蜗轮的轮齿被遮挡的部分可省略不画;当剖切平面通过蜗杆轴线并垂直于蜗轮轴线时,在啮合区内,蜗轮的外圆、齿顶圆可省略不画,蜗杆的齿顶线也可省略,如图 3-29(b)所示。

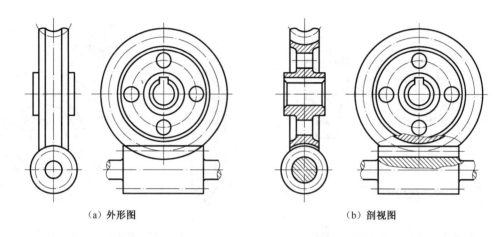

(a) 外形图　　　　　　　　　　　　(b) 剖视图

图 3-29　蜗轮、蜗杆啮合的画法

3.4　滚　动　轴　承

滚动轴承是标准件,使用时根据设计要求,按照国标规定的代号选用。画装配图时,只需按照国标规定的画法画出。

3.4.1　滚动轴承的代号

滚动轴承的代号可查阅 GB/T 272—1993,它用字母加数字来表示滚动轴承的结构、尺寸、公差等级、技术性能等特征。完整的代号包括前置代号、基本代号和后置代号。前、后置代号是对轴承的结构、尺寸、公差、技术要求及其他方面作补充的代号。

基本代号表示轴承的基本类型、结构和尺寸,是轴承代号的基础。一般常用的轴承代号用基本代号表示。下面只介绍基本代号。

基本代号由类型代号、尺寸系列代号和内径代号三部分从左自右顺序排列组成。

1. 类型代号

类型代号用数字或大写字母表示,见表 3-7。

2. 尺寸系列代号

尺寸系列代号一般由两位数字组成,前一位数字表示宽度系列,表明相同内径时不同的宽

表 3 - 7　滚动轴承的类型代号

代号	轴承类型	代号	轴承类型
0	双列角接触球轴承	6	深沟球轴承
1	调心球轴承	7	角接触球轴承
2	调心滚子轴承和推力调心滚子轴承	8	推力圆柱滚子轴承
3	圆锥滚子轴承	N	圆柱滚子轴承 双列或多列用字母 NN 表示
4	双列深沟球轴承	U	外球面球轴承
5	推力球轴承	QJ	四点接触球轴承

度;后一位数字表示直径系列,表明相同宽度下不同的外径。

3. 内径代号

内径代号表示轴承内圈的孔径,一般也由两位数字组成。因其与轴产生配合,是一个重要的参数。内径代号见表 3 - 8。

表 3 - 8　常用轴承内径代号

内径代号	00	01	02	03	04 - 96
内径尺寸/mm	10	12	15	17	代号数字×5

基本代号示例如下:

(1)轴承 61800:

6—类型代号,表示深沟球轴承。

18—尺寸系列代号,宽度系列代号"1";直径系列代号为"8"。

00—内径代号,表示公称内径为 10mm。

(2)轴承 32210:

3—类型代号,表示圆锥滚子轴承。

22—尺寸系列代号,宽度系列代号"2";直径系列代号为"2"。

10—内径代号,表示公称内径为 50mm。

3.4.2　滚动轴承的画法

滚动轴承是标准件,不必画零件图。在图样中,可采用通用画法、特征画法和规定画法来绘制。其中前两种属于简化画法。在剖视图中,用简化画法绘制滚动轴承时,一律不画剖面线。

在画图前,根据轴承代号从相应的标准中查出滚动轴承的外径 D 、内径 d 、宽度 B 、T 后,按比例关系绘制。

1. 通用画法

在剖视图中,当不需确切地表示滚动轴承的外形轮廓、载荷和结构特征时,可用通用画法绘制,其画法是用矩形线框及位于中央正立的十字形符号表示,如图 3 - 30 所示。

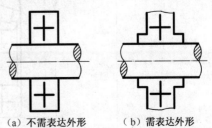

(a)不需表达外形　　(b)需表达外形

图 3 - 30　滚动轴承的通用画法

59

2. 特征画法

在剖视图中,如需较形象地表示滚动轴承的结构特征时,可采用特征画法绘制,其画法是在矩形线框内画出其结构要素符号。常用滚动轴承的特征画法,见表 3-9。

3. 规定画法

规定画法接近于真实投影,但不完全是真实投影,采用规定画法绘制滚动轴承的剖视图时,轴承的滚动体不画剖面线,其各套圈画成方向与间隔相同的剖面线。规定画法一般绘制在轴的一侧,另一侧按通用画法画出。表 3-9 给出了常用滚动轴承的规定画法。

表 3-9 常用滚动轴承的规定画法和特征画法(GB/T 4459.7—1998)

轴承类型	规定画法	特征画法
深沟球轴承	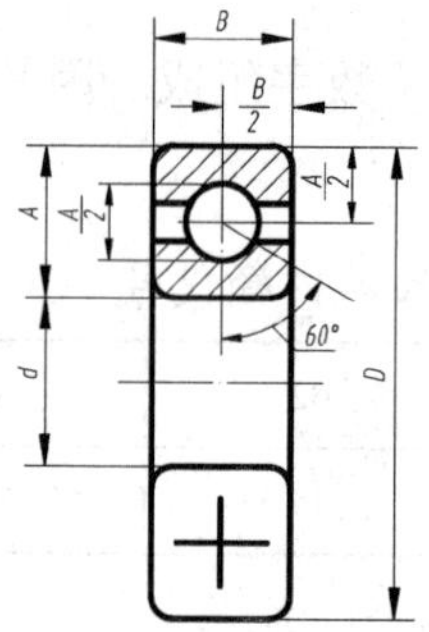	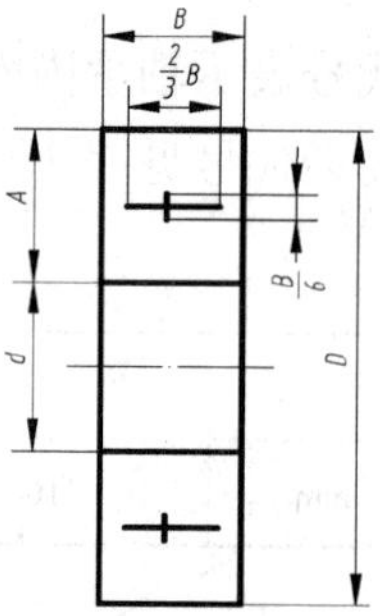
推力球轴承	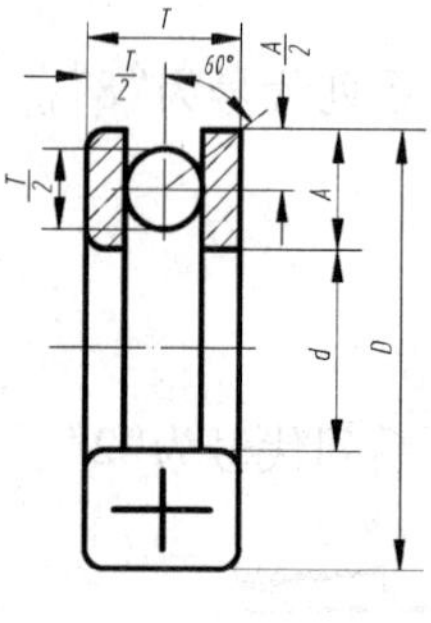	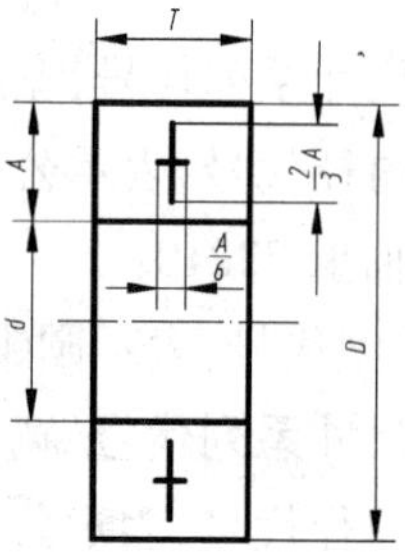
圆锥滚子轴承	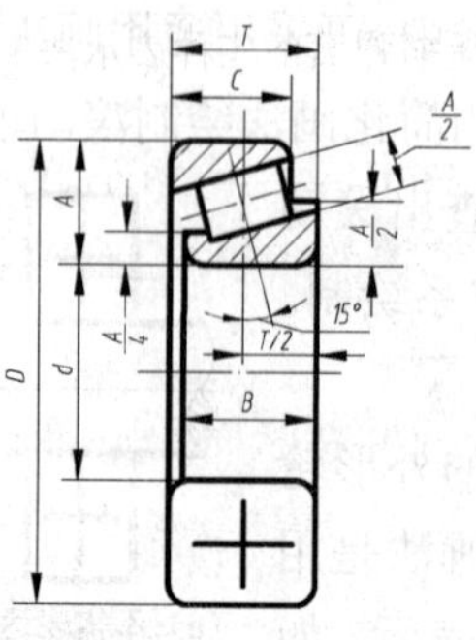	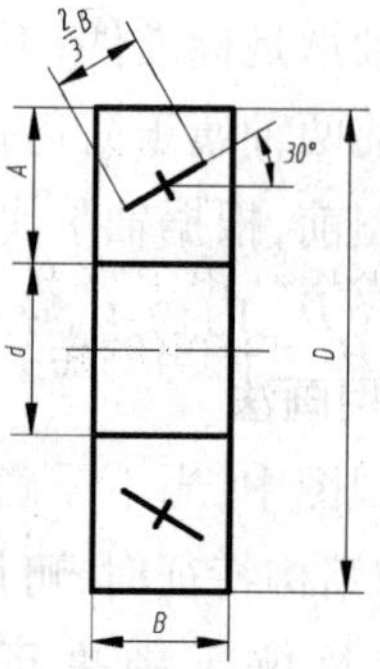

60

3.5 弹　　簧

弹簧的种类很多,本节重点介绍圆柱螺旋压缩弹簧的画法。

3.5.1　圆柱螺旋压缩弹簧的画法

1. 圆柱螺旋压缩弹簧的规定画法

圆柱螺旋压缩弹簧的真实投影比较复杂,为了简化作图,GB/T 4459.4—2003《机械制图 弹簧表示法》规定了弹簧的画法。如图 3-31 所示,其画法要点如下:

(1) 在平行于螺旋弹簧轴线的投影面的视图中,各圈的外轮廓线应画成直线。

(2) 螺旋弹簧均可画成右旋,但左旋弹簧必须在技术要求中注明。

(3) 螺旋压缩弹簧,如要求两端并紧且磨平时,不论支承圈数多少和末端贴紧情况如何,均按图 3-31 所示(有效圈是整数,支承圈为 2.5 圈)的形式绘制。支承圈数在技术条件中另加说明。必要时也可按支承圈的实际结构绘制。

(4) 当弹簧的有效圈数在 4 圈以上时,可以只画出两端的 1~2 圈(支承圈除外),中间部分省略不画,用通过弹簧钢丝中心的两条点画线表示,并允许适当缩短图形的长度。

2. 圆柱螺旋压缩弹簧画图步骤

如图 3-31 所示为圆柱螺旋压缩弹簧的三种表示法:视图、剖视图和示意图。当需要画出外形视图时,步骤(1)~(3)的画法与上述剖视图的画法相同,步骤(4)按右旋方向作相应的外公切线,如图 3-31(a)所示。

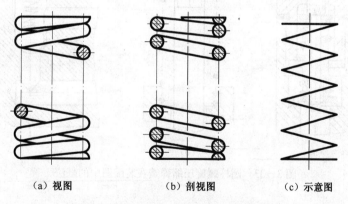

(a) 视图　　　　　　　(b) 剖视图　　　　　　　(c) 示意图

图 3-31　圆柱螺旋压缩弹簧的三种表示法

圆柱螺旋压缩弹簧剖视图的具体作图方法,如图 3-32 所示,具体步骤如下:

(1) 根据弹簧中径 D 和自由高度 H_0,画出弹簧的中径线和自由高度两端线(有效圈数在 4 圈以上时,H_0 可适当缩短),如图 3-32(a)所示。

(2) 根据型材直径 d,画出两端支承圈部分的型材断面的圆和半圆,如图 3-32(b)所示。

(3) 根据节距 t,画出有效圈部分的型材断面图,如图 3-32(c)所示。

(4) 按右旋方向作相应圆的公切线,并画剖面线。整理、加深完成剖视图,如图 3-32(d)所示。

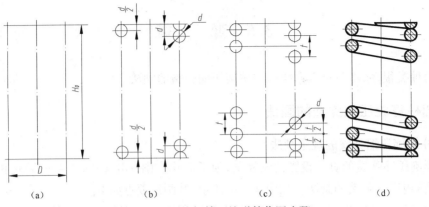

(a)   (b)   (c)   (d)

图 3-32　圆柱螺旋压缩弹簧作图步骤

3. 圆柱螺旋压缩弹簧在装配图中的画法

（1）在装配图中,弹簧后面被挡住的结构一般不画,可见部分从弹簧的外轮廓线或弹簧钢丝断面的中心线画起,如图 3-33(a)所示。

（2）弹簧被剖切时,允许只画簧丝断面。当弹簧断面直径或厚度在图形上等于或小于 2mm 时,也可用涂黑表示,且各圈的轮廓线不画,如图 3-33(b)所示。也允许采用示意图绘制,如图 3-33(c)所示。

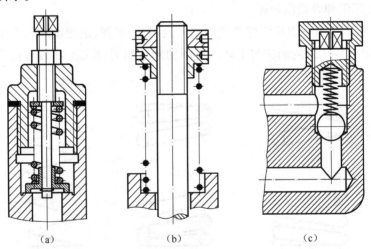

(a)   (b)   (c)

图 3-33　圆柱螺旋压缩弹簧在装配图中的画法

3.5.2 圆柱螺旋压缩弹簧的标记

根据 GB/T 2089—1994 规定,圆柱螺旋压缩弹簧的标记由名称、形式、尺寸、精度及旋向、标准编号、材料牌号以及表面处理组成,其标记格式如下:

| 名称 | $d{\times}D{\times}H_0$ | 精度代号 | 旋向 | 标准编号 | 表面处理 |

标记示例:圆柱螺旋弹簧,A 型,型材直径为 3mm,中径为 20mm,自由高度为 80mm,制造精度为 2 级,材料为碳素弹簧钢丝 B 级,表面镀锌处理,左旋。其标记如下:

YA 3×20×80—2 左 GB/T 2089—1994 B 级-D-Zn

注意:按 3 级精度制造时,3 级不标注。

第4章　零件的结构形式及其表达

工程实际中的零件千变万化,结构形状各种各样,在零件图中如何清楚、准确地表达这些结构形状是绘制零件图时面临的首要问题。国家标准《技术制图》和《机械制图》中对图样表达和画法有一系列的规定,在绘制零件图时,要灵活运用国家标准中规定的各种表达方法,有效、清晰、简洁地表达出零件的具体结构和形状。选择表达方式时,除考虑形状结构特点外,还要注意零件局部结构与整体的关系、结构在零件工作中的作用、加工工艺特点、尺寸标注、表面要求标注、几何公差标注等各方面的因素,综合考虑,选择合适的表达方案。本章对零件中常见的形状结构进行归纳分类,分析各类结构的表达特点。

4.1　回转结构及其表达

回转结构是零件上常见的结构之一,如工作中做旋转运动的轴,支承轴的轴承、轴套,包容旋转构件的泵体、阀体,齿轮,螺栓,圆柱销等等,它们的主体结构均为回转体。回转结构形状要素的特征是回转轴线,其主体形状一般沿回转轴线展开,通常采用过轴线的剖切面剖切表达。实际工程中的回转结构零件在回转体基础上一般还有一些轴肩、孔、开槽、凸台、肋板等结构,表达零件主体回转结构时要兼顾这些结构的表达,通常可另加局部视图、局部剖视图等方式来表达。

1. 回转结构的常用表达方式

回转结构一般采用一个反映回转形状的视图和一个反映轴向形状的视图来表达。如图 4-1 所示的端盖,主视图表达回转轴线方向的形状(两个上下叠放的圆柱),俯视图表达这两个圆柱的圆投影及四个圆孔的周向分布位置。对于形状较单纯的回转结构,有时用一个视图(辅以尺寸标注)就能完整表达。如图 4-2 所示的阀罩,零件形状由一个视图和一些球半径、直径尺寸等确定。从仅有的主视图可看出,零件上端为半球形壳(内、外尺寸分别为 $SR13$ 和 $SR16$),中段为一个与半球壳相接的圆柱筒(内、外尺寸与半球壳尺寸相同,壁厚为 3),下端为圆柱筒(内、外直径分别为 $\phi25H9$ 和 $\phi36$),在它的左侧面上还有一个 $M5-6H$ 的螺纹通孔。许多情况下,作为包容其他零部件的回转零件都有较丰富的内部结构需要表达,所以常常如图 4-2 一样采用全剖视的方法表达。如果零件是完全对称的,又还有外形需要表达,则可以采用半视剖的方法,如图 4-3 所示。

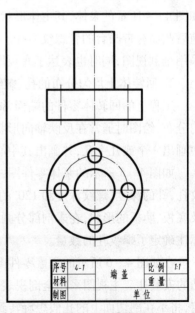

序号	4-1	端盖	比例	1:1
材料			重量	
制图		单位		

图 4-1　端盖

63

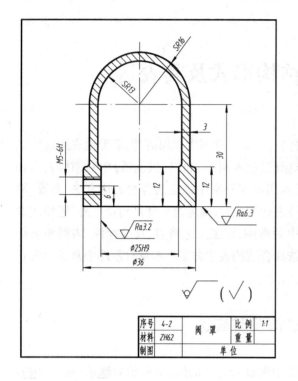

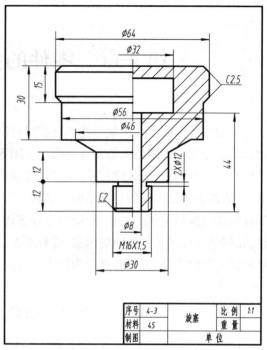

图4-2 阀罩   图4-3 旋塞

•

对于需表达内部结构的零件,一般在轴向形状视图中采用全剖视来表达结构壁厚、孔深等。如图4-4所示的泵体,其主体形状为左右布置的两个空心圆柱体,左右端面有螺纹孔和销孔,前后侧面有带凸台的管螺纹通孔。为表达壁厚、内腔和端面螺纹孔等结构,主视图沿轴线方向采用全剖视图,同时也表达了底板厚度和肋板形状。

2. 回转体上均匀分布的孔、螺纹孔等结构的表达

工程上的回转体零件的端面常常有用于连接端盖等其他零件的孔或螺纹孔,一般呈周向均匀分布,绘图时通常在反映轴向形状的视图中用剖视图表达出孔的形状大小,在反映圆的视图中画出一个或几个孔,并画出其中心线以表达出它们的分布规律和位置。

如图4-5所示的泵体零件图,主视图采用全剖视,表达出在泵体回转结构的左右端面有螺纹孔,孔的深度、螺纹深度和120°的锥角也表达出来了。左视图采用局部剖视来表达泵体内腔及底板、肋板的形状,在未剖部分画出了三个螺纹孔,表达出其分布位置,并通过螺纹孔的尺寸标注确定了螺纹孔的数量。

在如图4-6所示的阀盖零件图中,阀盖的主体结构为回转体,在底板上均匀分布有四个外凸的安装孔。主视图采用全剖视表达阀盖的外形和内部结构,底板部分按国标中简化画法的规定,将不在剖切面上的孔假想旋转到前后对称面位置后剖切画出。阀盖左右对称,因此主视图也可以画成半剖视,此时,底板上的孔还是采用假想画法,如图4-7所示。这里,由于阀盖的外

64

形较简单,在全剖视图中也能得到充分表达,从保留视图的完整性考虑,一般倾向于采用如图4-6所示的全剖视方式。安装孔的分布位置、与底板的圆弧过渡关系在俯视图中表达,阀盖前后对称,为节省图纸空间,俯视图采用了对称画法,只画出了前半部分。

3. 回转体端面不均匀分布的定位销孔等结构的表达

回转体端面的安装连接孔一般有多个,往往是均匀分布的,而定位销孔一般只有1~2个,其分布相对主体对称面可能是不均匀或不对称的,此时便需要在图中明确其分布位置。如图4-4所示,泵体左端面有6个均布的螺纹孔和两个非对称的销孔,主视图中对销孔没有表达,而左视图中画出了销孔位置,并通过尺寸标注表达了销孔的数量、孔径和孔深。

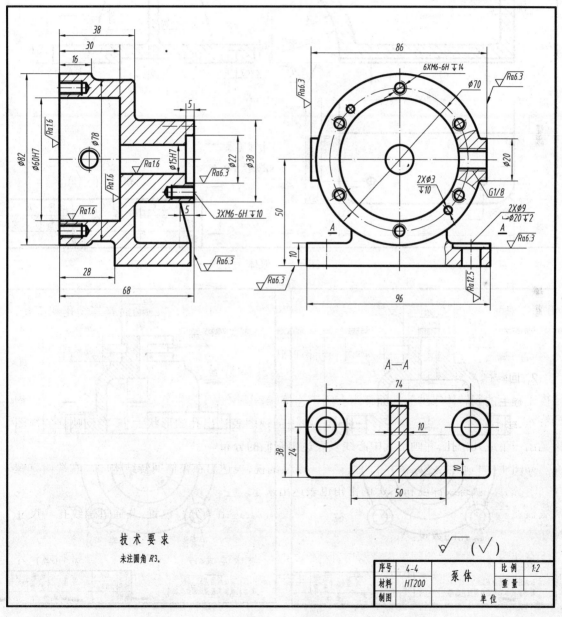

图 4-4 泵体

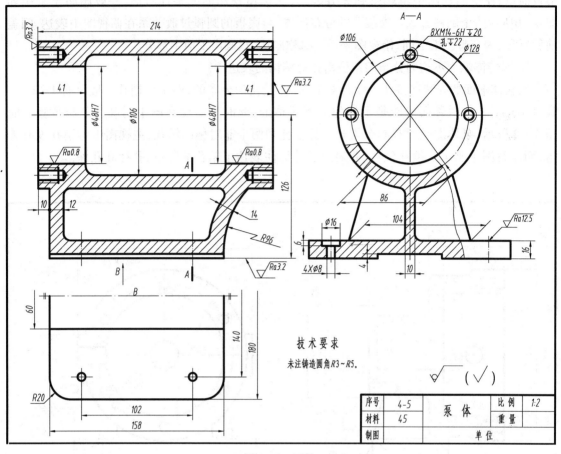

技术要求

未注铸造圆角R3~R5。

序号	4-5	泵 体	比例	1:2
材料	45		重量	
制图			单位	

图4-5 泵体

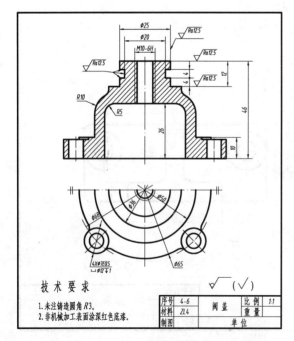

技术要求

1.未注铸造圆角R3。
2.非机械加工表面涂深红色底漆。

序号	4-6	阀盖	比例	1:1
材料	ZL4		重量	
制图			单位	

图4-6 阀盖

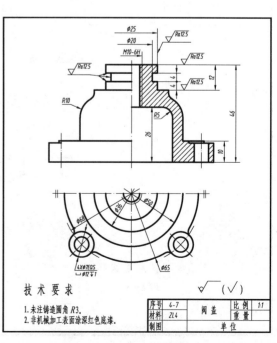

技术要求

1.未注铸造圆角R3。
2.非机械加工表面涂深红色底漆。

序号	4-7	阀盖	比例	1:1
材料	ZL4		重量	
制图			单位	

图4-7 主视图采用半剖视

在如图 4−8 所示的卡盘零件图中,左端面上有三个均布的 M8 螺纹孔,在全剖的主视图中没有表达,其位置、深度表达在左视图中;左端面上还有三个带 φ5 盲孔的 M6 螺纹孔,其位置由侧壁上三个 φ28 的通孔和尺寸 74±0.2、13.5±0.2 确定,表达在左视图和 *B—B* 局部剖视图中;在卡盘中央凸缘左端面上有三个均布的 M5 螺纹孔,主视图中表达出其结构形状,左视图中表达出其分布位置。

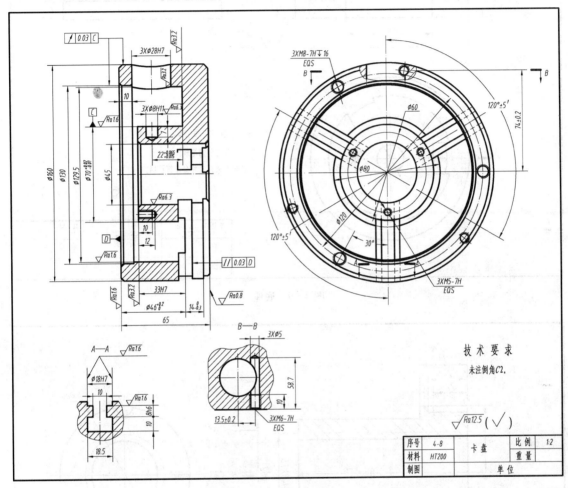

图 4−8 卡盘

4. 回转体上的凸台、肋板和开槽等结构的表达

回转体零件上因为功能需要可能会设计有凸台结构、连接肋板、开槽等,表达这类零件时,在一般回转体零件表达方法的基础上,还要同时兼顾上述结构的表达。

如图 4−9 所示的底座,其基本形状为上下三个圆柱体,在零件上部两个圆柱体边沿开有三个均布的方形楔槽。图中用了三个视图,主视图采用全剖视,表达出楔槽的断面形状、顶部的孔 φ14 和 φ3,以及内腔孔 φ46、底板圆柱 φ86 等;俯视图表达三个槽的分布位置;左视图表达上沿圆柱的完整直径尺寸和楔槽与中间圆柱的相交关系。

如图 4−10 所示的螺套,其基本形状为水平放置的圆柱体,左端底板上部有半个螺纹孔。图中主视图采用全剖视,表达回转轴线方向的形状、半螺纹孔结构、内腔的矩形螺纹孔等;左视图表达半螺纹孔的位置。

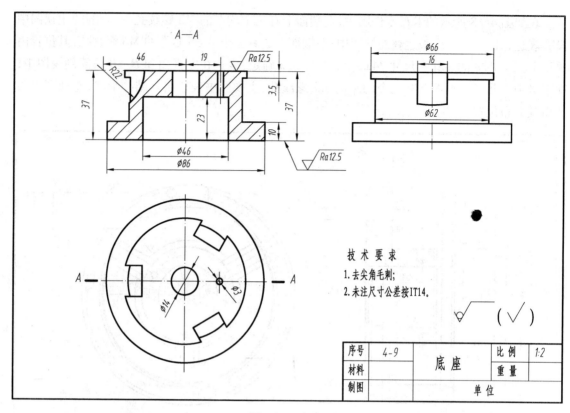

图 4-9 底座

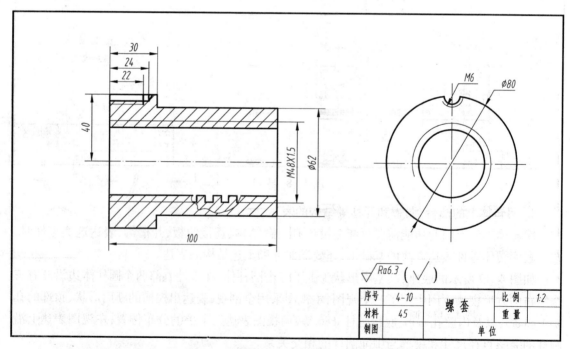

图 4-10 螺套

　　如图4-11所示的转子,其结构为一个直径 $\phi80$、高50的圆柱体,左右两侧各内凹直径 $\phi44$、深3的圆坑,中间是 $\phi14$ 的通孔。在圆柱体周向开有四个均布的方槽,上下方槽间有一个与 7 号件(ϕ14 轴)配作的销孔 ϕ4。转子零件图中采用全剖视的主视图表达方槽、圆坑、通孔和销孔的内部结构,用左视图表达圆柱体和圆坑的直径及四个方槽的分布。

　　如图 4-12 所示的压盖螺母主体形状为圆柱体,右侧有带退刀槽的 M36×3 的螺纹孔,左侧是通孔 ϕ16,螺纹孔壁上分布有 6 个 ϕ6 的通孔。像大多数回转体零件一样,主视图采用全剖视,表达回转轴线方向的形状结构,而左视图采用 A—A 剖视,表达 6 个 ϕ6 孔的分布。

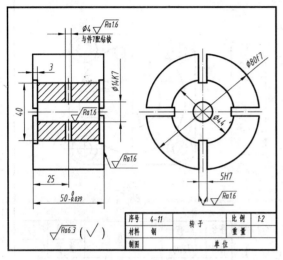

图 4-11　转子

图 4-12　压盖螺母

　　如图 4-13 所示的调节螺钉,其左侧为六棱柱体,右侧为内空的螺纹。主视图采用局部剖视表达螺纹部分的内空结构,左视图用基本视图表达六棱柱及倒角结构。

　　如图 4-14 所示的开口垫圈,其主视图采用全剖视,表达零件的开口结构特征,左视图表达开口的形状。

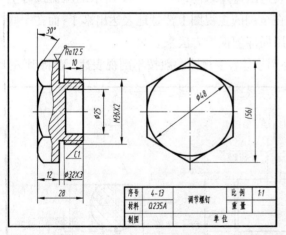

图 4-13　调节螺钉

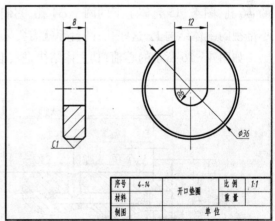

图 4-14　开口垫圈

　　如图 4-15 所示的壳体基本形状为左小右大的两个中空的圆柱,左侧圆柱 ϕ22 的前、后、上三个方向设计有带螺纹通孔的凸缘,右侧圆柱 ϕ42 的右端有带四个安装孔的方形底板,底板右侧圆柱略大,直径为 ϕ43。壳体零件图采用主视图、左视图、右视图和 C 向局部视图表达零件结构。主视图采用全剖视,表达了左右圆柱及其中空结构、左侧圆柱外的凸缘中螺纹孔与圆柱内表面的相贯关系、右侧底板与大圆柱的位置关系、底板上与大圆柱右端面上两组等直径孔的相贯;结合右视图,表达出圆柱 $\phi43$ 右端上下的两个内凸台及其上的孔 $\phi4$ 位置、底板上四个安装孔的位置等;左视图采用 A—A 半剖视,表达出左侧三个凸缘及其内部螺纹孔的结构;结合 C 向局部视图,表达出凸缘的截面形状。

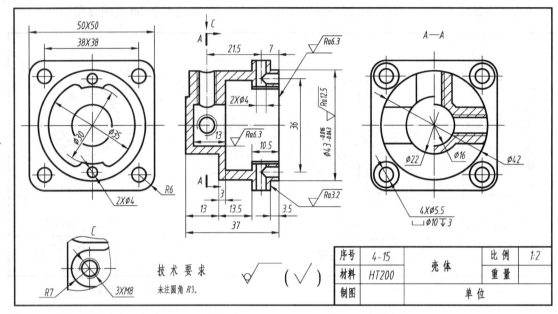

图 4-15 壳体

5. 垂直回转轴的孔、凸台等结构的表达

回转主体结构在垂直回转轴的方向上常常设计有一些孔、凸台等,这些结构一般需要通过剖视来表达,当主体结构采用了剖视,则同时能表达出这些结构,如图 4-12 所示的压盖螺母上的 $\phi6$ 孔,图 4-15 壳体上下的两个 $\phi4$ 孔,它们在全剖的主视图上清楚地表达出来了;而在一些不剖视的主体结构上,这些孔、凸台等就需要采用局部剖视等方法来表达。

如图 4-16 所示的心轴,其主体结构是实心圆柱体,主视图一般按不剖视表达,而将其左

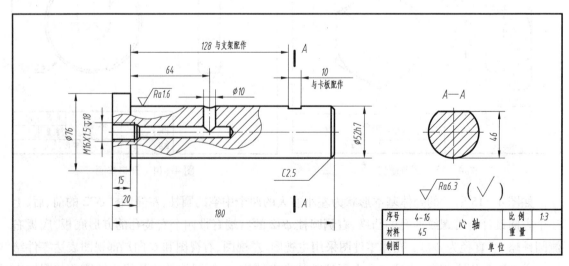

图 4-16 心轴

侧盲孔及垂直孔 φ10 用局部剖视表达。

如图 4-17 所示的阀门零件图只用了一个全剖的主视图,两个垂直孔 φ3 的结构和位置在主视图上都表达清楚了。如图 4-18 所示的带轮零件图,也只用了一个主视图。其主体结构回转体的外表面为两个圆锥面,内腔为两个台阶通孔,左侧有一个垂直回转轴的台阶孔。垂直台阶孔的结构形状在全剖的主视图中完全表达清楚了。

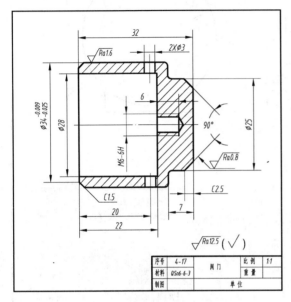

图 4-17 阀门

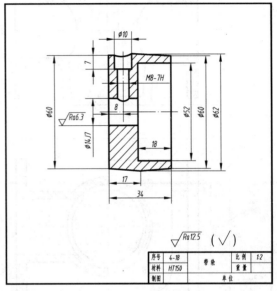

图 4-18 带轮

4.2 回转体上外凸(内凹)结构及其表达

工程中的回转体零件往往考虑零件连接、安装而在回转结构外部或内部设计有外凸或内凹的结构,这类结构的零件在表达时,除了需考虑回转结构的表达外,还要考虑这些外凸或内凹结构的表达。根据这些结构的形状特点以及与回转主体的位置关系,在表达时一般首先选择在表达主体回转结构时兼顾表达,难以兼顾时再考虑采用半剖视、局部剖视、增加视图或局部视图等其他方法来对这部分结构进一步表达。

图 4-19 为旋塞壳零件图,其壳体结构为一上开口的圆锥壳体,壳体上端有一方形底板。壳体为回转体,其左右两侧外凸圆管,端部有圆形法兰盘,法兰盘上分别有 4 个连接孔。零件用三个视图表达,主视图采用全剖视,表达出回转圆锥壳体的主体形状、外凸圆筒与圆锥壳体的垂直相贯关系;俯视图采用半剖视,反映零件左右对称关系、上底板的方形结构和四个安装螺纹孔的分布位置;左视图表达法兰盘的圆形结构及四个连接孔的分布位置。

如图 4-20 所示的轴支座,其主体结构为圆柱 φ46,其中段空腔为 φ30,左右两端空腔为 φ24。圆柱左端往前凸出带法兰的圆筒,内腔与圆柱内腔相贯;右端往上凸出一方形底板,上有

71

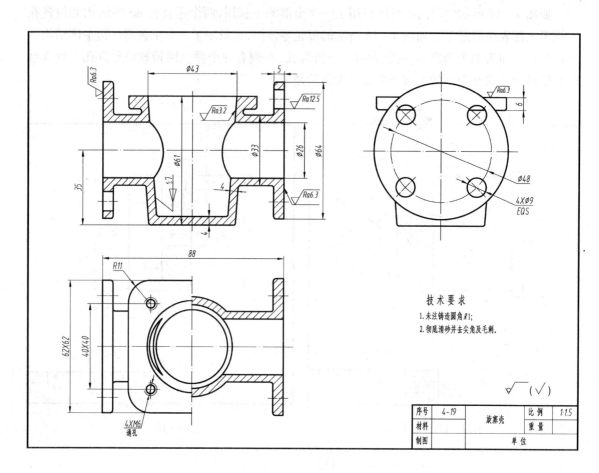

図 4-19 旋塞壳

两个安装通孔 φ10。零件图中应用了主视图、俯视图、A—A 剖视图、C—C 剖视图和 B—B 断面图分别表达各部分结构。主视图采用局部剖视，在表达左侧法兰结构外形的同时，表达了圆柱体右侧的空腔结构及上底板的断面形状；俯视图也采用了局部剖视，在表达出法兰和上底板俯视外形的同时，表达了主视图中没有表达出来的圆柱的左侧内腔结构；用 A—A 剖视图表达法兰的内部结构及其与圆柱内腔相贯情况；用 C—C 剖视图表达出上底板、安装孔和连接结构；用 B—B 断面图表达上底板与圆柱外表面的连接板的截面形状。

如图 4-21 所示的泵体，其主体结构为一圆柱筒，内腔为台阶状通孔，左侧上下外凸耳环结构，右侧在前面和下面分别有平面切口。零件图用了四个视图，主视图采用局部剖视，主要表达圆柱筒内腔的台阶孔结构和左侧的耳环结构，未剖部分反映圆柱筒右侧下部被平面切口的位置和前部被平面切口后的形状；A—A 剖视图结合主视图表达耳环结构，其外凸部位有两个螺纹孔M4，圆柱筒壁上有四个均布的 螺纹孔 M3；左视图反映耳环外形及与圆柱筒外表面的连接情况、圆柱筒右端面上的三个通孔 φ4.5 的位置分布、前面和下面切口平面的位置等；俯视图采用局部剖视方法，未剖部分反映圆柱筒和左侧耳环的外形，剖开部分表达圆柱筒右侧内腔结构、切口形状、右端面螺纹孔和通孔。

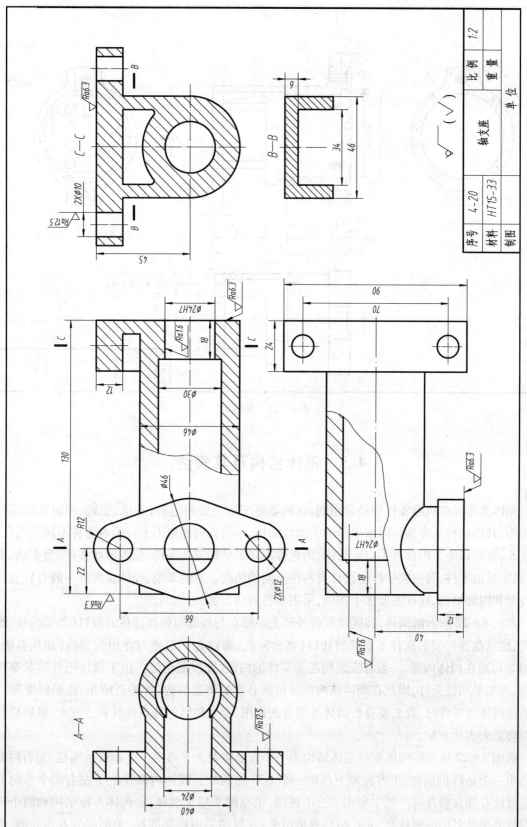

图 4-20　轴支座

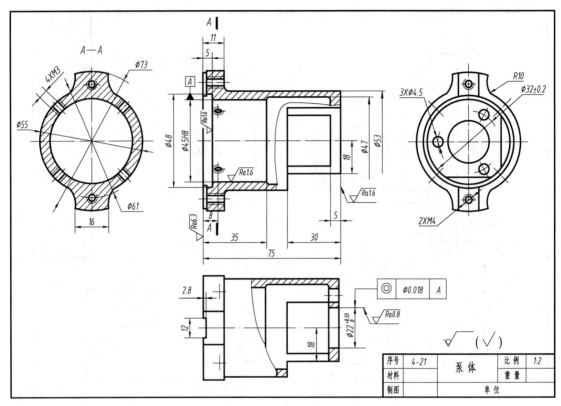

图 4-21　泵体

4.3　箱体结构及其表达

箱体类零件在机器零件中经常用到,在机器装配后主要起包容、支承、安装、固定其他零件的作用,其形状特征多为封闭或不封闭的围状结构,不同方向的壁围上可能有各种不同的通孔、螺纹孔、方形口等。内部多为空腔结构,为包容不同形状的其他零件,空腔形状多样,为支承、安装、固定其他零件,其空腔中往往设计有各种不同的结构。总的来说,箱体类零件一般有较复杂的外形和内部结构,往往需要多个视图,采用多种表达方法。

如图 4-22 所示的阀体,其阀体零件外形上一般有与外部组件相连接的接口(如螺纹柱、螺纹孔、法兰盘等)、安装阀杆等零件的开口(如台阶孔、螺纹孔)、起密封作用的结构(如填料槽、油槽等),而在阀体内部,一般有安装阀芯等零件的内腔、介质通道等。由于阀体内外形状都较复杂,大多采用铸造件,因此在阀体结构中还包括必要的铸造结构(如铸造圆角、拔模斜度等)。在表达阀体类零件时,首先要分析阀体各部分的作用、要求和结构特点及其表达方式,最后综合选择合适的表达方案。

如图 4-22 所示的阀体零件主体结构为一个方形块及上方凸出一个 $\phi66$ 的圆柱、左右两侧外凸出一个 $\phi45$ 的圆柱、下方右侧下凸出一个 $\phi30$ 的圆柱。阀体内部在上下左右四个方向上均有螺纹孔和台阶孔等。图中应用了三个视图,主视图采用全剖视,将阀体方形结构和四个外凸圆柱外形及其中的螺纹孔、光孔结构表达出来;左视图采用局部剖视,未剖部分表达外形,剖开部分表达阀体内通向阀体后侧面的孔 φ5 的位置和形状；俯视图也采用了局部剖视，未剖视部分表达外形，右侧剖视部分表达右侧圆柱的螺纹孔、退刀槽、内部光孔及通向阀体下部螺纹孔的光孔位置。

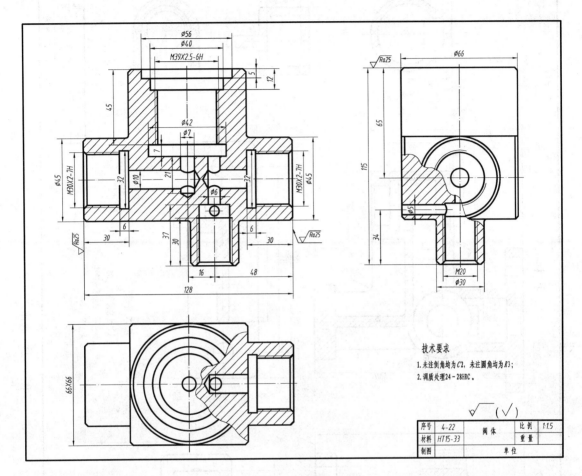

图 4 - 22 阀体

　　如图 4 - 23 所示的阀体，它主要由四部分构成，主体形状为一圆柱筒，它通过支撑肋板连接到方形底板上，圆柱筒上方贯通一个法兰接口，前方连通一个轴套类结构。该阀体外形和内部结构都比较复杂，表达时需采用多个视图。图中，主视图采用全剖视图，表达出主体圆柱筒的左侧外螺纹、右侧台阶形状、内腔的台阶结构、与上方法兰结构的内孔相贯情况，同时还表达了法兰的内部结构、通孔形状、底板的截面形状和支撑肋板的正向形状等，主视图中圆柱筒与法兰结构、支撑肋板、底板间的相对位置关系得到了明确表达；左视图也采用了全剖视图，在表达圆柱筒与法兰结构、肋板、底板的相对关系的同时，清楚表达出了前向轴套类结构与圆柱筒的连接关系和相对位置、内腔结构形状等；俯视图主要表达法兰盘的形状和前向结构的位置。对于其他局部结构，宜采用局部视图分别表达。图中采用 C—C 断面图表达圆柱筒右端凸台结构；采用 D—D 断面图表达前向连接通孔的结构；采用 E—E 剖视图表达底板和支撑肋板断面形状；采用 F—F 局部剖视图表达前向轴套类结构的断面形状。

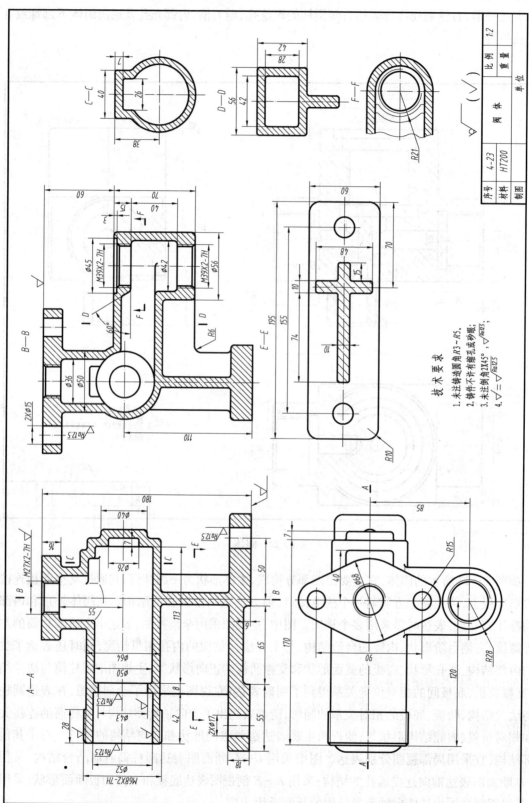

技术要求

1. 未注铸造圆角R3~R5。
2. 铸件不许有缩孔或砂眼;
3. 未注倒角2X45°;
4. ▽=▽Ra12.5。

图 4-23　阀体

76

4.4 箱体的内腔结构及其表达

箱体类零件一般都有较复杂的内腔结构,在表达箱体结构时往往需要重点考虑其内腔结构的表达方式,根据其结构特点确定整个零件的综合表达。

如图 4-24 所示的壳体,其主体结构为内腔的三个通道:一是右侧的上下通道,其上部为螺纹孔,顶部外形为圆柱形;下部为通孔,外形为圆柱,在底部接一方形法兰。二是左侧的前后通道,前方为 $\phi20$ 孔,外接四角圆法兰(D 向视图);后方为 $\phi16$ 孔,外接一长形法兰(C 向视图)。三是连接左右通道的一个水平方形通道。

图 4-24 中用了 5 个视图来表达壳体的结构,主视图采用全剖视,主要表达右侧上下通道及其与中间的水平通道的连接情况、中间的水平通道与左侧前后通道的横向连接情况、水平通道右侧外凸圆台及通孔等结构;左视图采用 B—B 剖视,表达前后通道的结构;俯视图主要表达各部分外形,并用局部剖视表达上下通道的内壁结构;C 向视图用来表达前后通道的后底面法兰形状;D 向视图用来表达前后通道的前底面四角圆法兰形状。

在这个壳体零件的表达中,它的内腔结构(三个方向的通道及其连接)和与其对应的外部结构(用于与其他零部件相连接的各种不同形状的法兰盘结构和底板结构)是需要表达的重点。对于圆柱形的内腔和外形结构,重点在一个视图中用剖视表达即可,同时考虑其与其他结构的相贯关系;而对于方形的内腔和外形结构,要考虑通过多个视图和剖视图来表达;而对于不同形状的法兰类底板结构,则可考虑采用单独的局部视图加以表达。

如图 4-25 所示为阀体,分析其形状结构特点时,重点应从功能需要出发分析它的内腔构成及其合适的表达方式。阀体有上下贯通的圆柱孔,其上部孔径较大,并且有四个均布的方形槽,阀体左右分布有上下错开的圆孔分别与上下贯通孔相贯通,在贯通处是较大的圆柱腔。左右贯通孔的外侧是圆形底板,中间有加强肋。

图中主要采用了主视图和俯视图来表达阀体,主视图采用全剖视,将内腔的回转结构的三个通孔及其相贯关系表达出来。此外,左右两侧的加强肋通过剖视图中按不剖画出的纵向外形和移出断面图加以表达。俯视图主要表达阀体的上端面形状和左右两侧连通管及底板的形状,并以局部剖视表达阀体中部的圆柱壁和左侧圆柱管及圆形底板的剖面形状。左右两侧连接管的底板形状相同,它们的端面形状用同一个 D 向局部视图表达。阀体下端面的形状采用单独的 C 向局部视图表达。阀体内腔贯通孔中部的台阶孔结构在主视图中已有表达,但由于其尺寸较小而结构复杂,因此采用一个单独的局部放大图,以清楚表达其结构和标注尺寸。右侧连接管与阀体内腔的相贯关系通过 A—A 局部断面图表达,同时便于标注相关尺寸。阀体上下端面上的沉孔结构分别通过 B—B 和 E—E 局部剖视图来表达。

如图 4-26 所示的支座形状相对比较简单,其主体是前端开口的圆柱筒,以用于安放轴类的其他零部件,后端面上有一个 $\phi10$ 的通孔;圆柱筒的上部有一个带螺纹孔的凸台,下部是带底板的方形支架,支架的左侧有一个 $\phi10$ 的凸台,底板为带两个 $\phi10$ 安装孔的方形板。

支座图共有 5 个视图。主视图表达支座各部分的外形,并采用局部剖视表达支架的内空结构和底板的安装通孔;左视图采用全剖视,表达主体圆柱筒的内孔、后壁上的通孔、上部螺纹孔

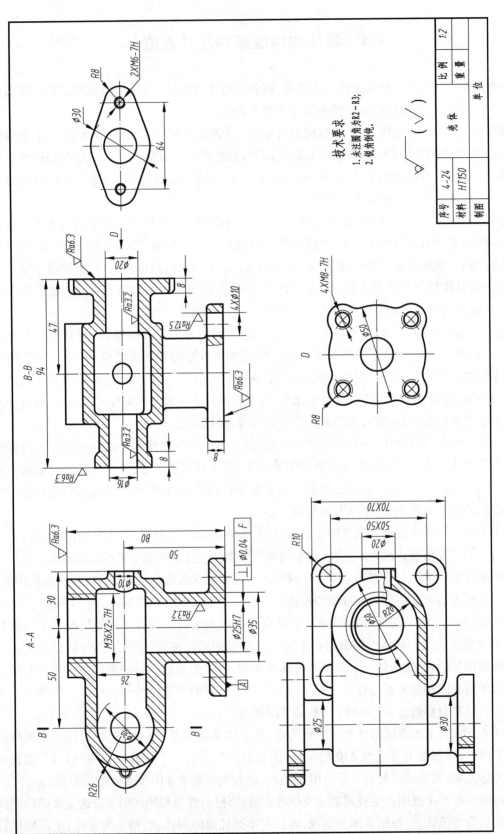

技术要求
1. 未注圆角为R2~R3;
2. 铸角倒钝.

壳体

序号	4-24	比例	1:2
材料	HT150	重量	
制图		单位	

图 4-24 壳体

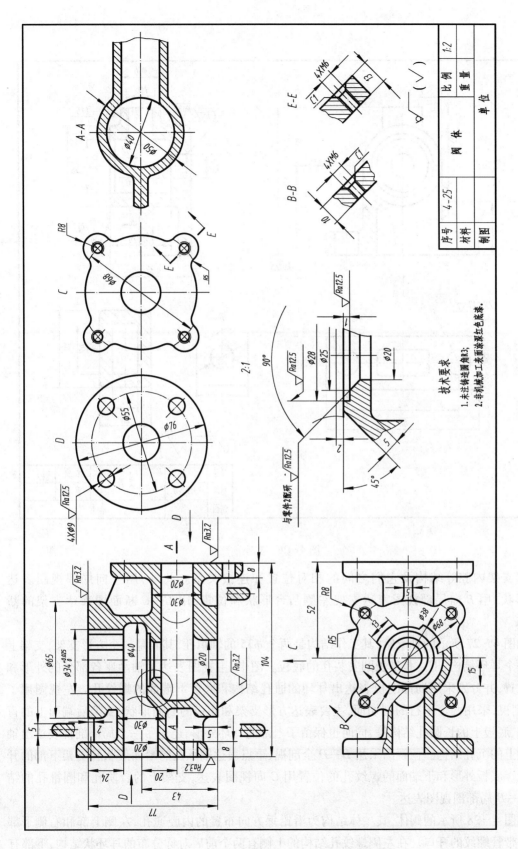

图 4 - 25 阀体

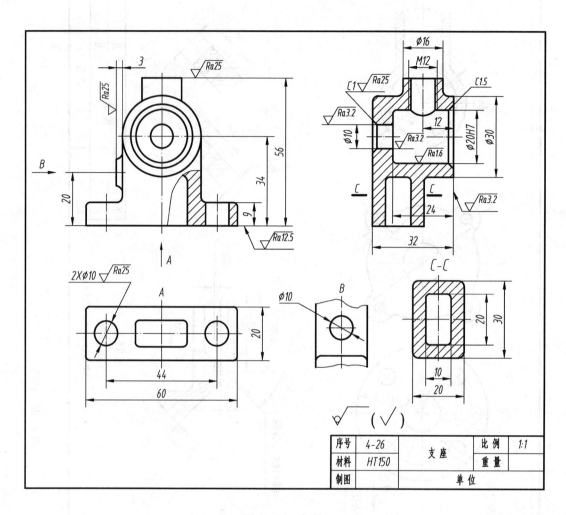

序号	4-26		支座		比例	1:1
材料	HT150				重量	
制图				单位		

图 4-26　支座

和下部支架内腔等结构及它们之间的相对位置和连接关系。此外,用 A 向局部视图表达底板形状;用 B 向局部视图表达支架左侧凸台形状和位置;用 C—C 断面图表达支架的断面形状。

　　如图 4-27 所示的轴承座,其工作结构是两个 $\phi35$ 的轴承孔,其间是一个方形支架,支架上方有一个耳环结构,下方是带长圆安装孔的底板。图中,主视图表达了轴承座各部分的外形和相对位置,并分别采用局部剖视表达出耳环的通孔结构和底板下端面的螺纹孔。左视图用了 A—A 剖视,采用两个平行的剖切面,主要表达方形支架和底板的断面形状、支架后端面上的盲孔结构、底板上的长圆孔结构等,同时也保留了上部的耳环外形,还用了一个局部剖视表达出轴承孔壁上的沉孔结构。俯视图采用 D—D 全剖视,重点表达轴承孔的断面形状和支架下部的开槽形状。底板外形和下端面的螺纹孔的位置用 C 向视图表达,支架上的台阶孔和圆锥孔的结构用 B—B 局部剖视图表达。

　　如图 4-28 所示的阀体,其主体结构为沿铅垂方向布置的内腔通孔,左侧上部和右侧下部各有一带管螺纹的开口。在左侧螺纹孔结构的上侧有两个前后对称分布的耳环状结构,下部有

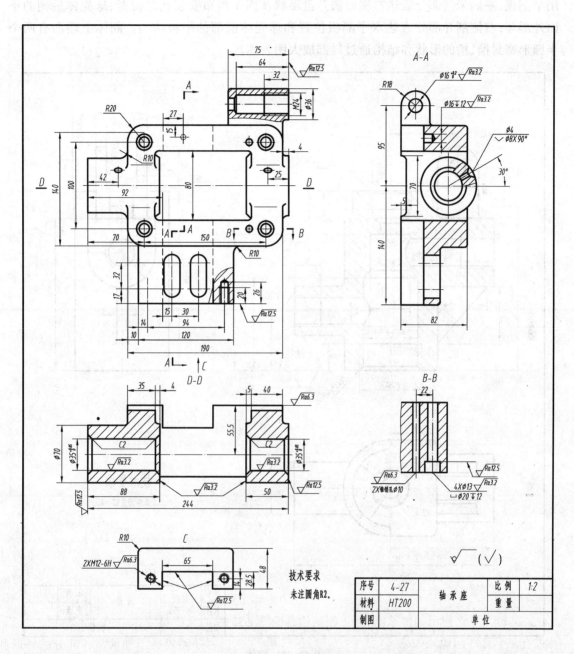

图 4 - 27 轴承座

肋板。

主视图采用全剖视图,主要表达零件的内部空腔的各种孔结构及其连接关系;俯视图采用基本视图,表达零件的外形;左视图用视图表达外形,并采用了局部剖视表达耳环结构的通孔形状。

如图 4 - 29 所示的阀体,其主体结构为 $S\phi96$ 的球形壳体,壳体的前后为对称平面,上部连通一个 $M68\times2$ 的螺纹孔,左右两侧连通 $\phi40$ 的通孔,外端是圆形法兰盘。主视图采用全剖视,表达上述主体结构,并表达出球壳内腔中带孔 $\phi46$ 的水平隔板的截面形状。左视图采用半剖视,左侧未剖部分表达左端面法兰盘形状及四个均布安装孔的位置、球壳体后侧的平面外形等;右侧剖开部分表达水平隔板位置和球壳体前部的平板结构。阀体上端面有两个半圆形密封槽,槽的形状和结构通过局部放大图表达。

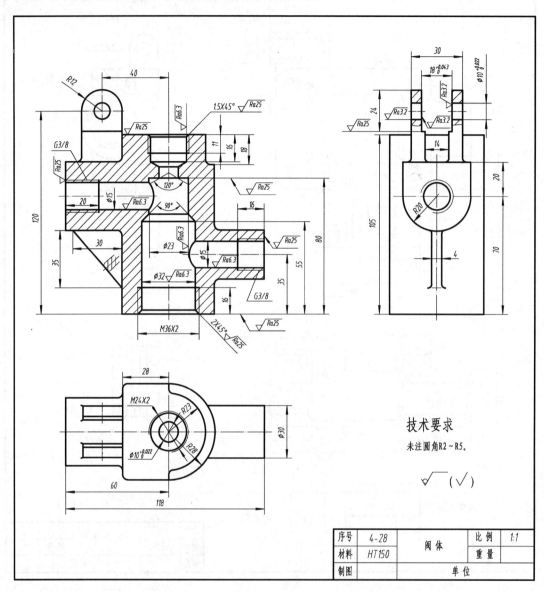

图 4-28 阀体

如图 4-30 所示的阀体,其主要结构是一个直径不同的回转体组合,内腔为通孔,包括不同直径的圆孔和一些倒角、台阶孔、槽等过渡结构;阀体中部有一方形结构与主体回转结构相接,其内腔为通孔,包括左侧的螺纹孔和光孔等结构。表达时以回转主体为表达重点,主视图采用全剖视,沿回转主体的轴线剖开阀体,表达出阀体的回转结构的内腔和外形,同时也表达出左侧方形柱的内腔结构及它与回转主体内腔相贯情况;俯视图主要表达方形结构的外形;左视图表达阀体外形和方便标注外形尺寸,同时用局部剖视图表达方形柱前后端面的光孔和螺纹孔的结构,它们的位置通过 A 向局部视图表达。

82

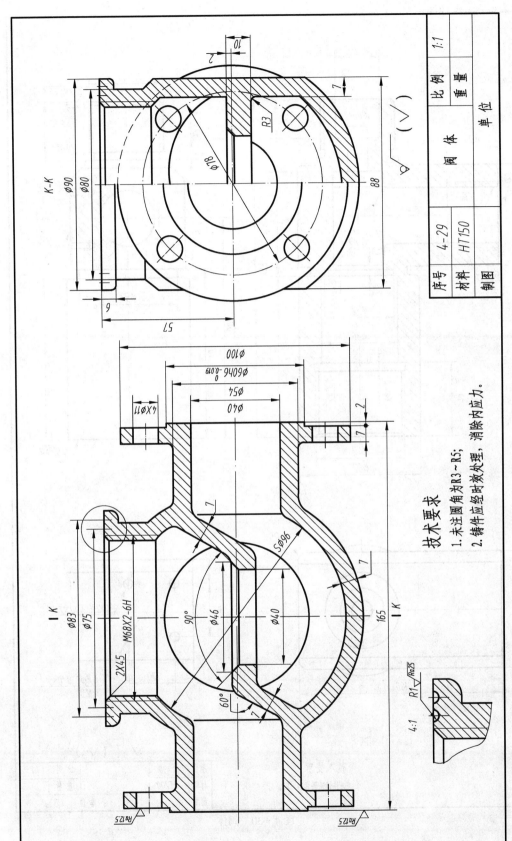

技术要求
1. 未注圆角为R3~R5;
2. 铸件应经时效处理,消除内应力。

图 4-29 阀体

				1:1
				比例
				重量
			阀体	单位
序号	4-29			
材料	HT150			
制图				

83

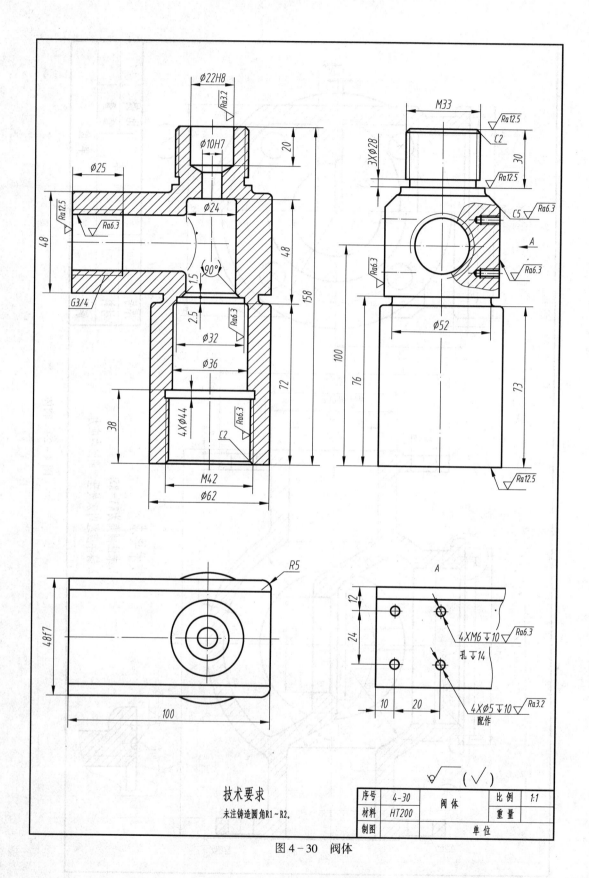

技术要求
未注铸造圆角R1~R2。

序号	4-30	阀体	比例	1:1
材料	HT200		重量	
制图		单位		

图 4-30 阀体

4.5 箱体外表面和内表面上的凸台结构及其表达

箱体零件中,由于与其他零件连接需要或内部安放其他零件需要,常常在外表面或内表面上设计一些凸台结构,这些结构一般有较独立的外形和内孔,在表达这类箱体零件时,选择箱体主体结构表达方案时要兼顾考虑这些凸台结构的表达。一般地,其内孔结构可以在主体结构的剖视表达时兼顾表达出来,而外形往往需要单独用局部视图等方式来表达。

如图 4-31 所示的箱体,其主体结构为上下开口的方箱,其四个侧面上分别有不同形状的外凸结构。在全剖的主视图中,左右侧面上的外凸结构通过两个平行剖切面同时被剖切而表达出其内孔形状,左侧面外凸结构的"8"字形外形通过 C 向局部视图表达,右侧面外凸结构为圆柱体,通过主视图中的尺寸 φ36 和 φ20 而确定。左视图采用全剖视图,表达出箱体的前后壁和底板结构,同时剖切出前后凸台及通孔形状,它们也是圆柱体,由尺寸标注确定外形。俯视图表达箱体及底板的外形,同时应用局部剖视表达出左侧凸台上的 φ16 通孔。

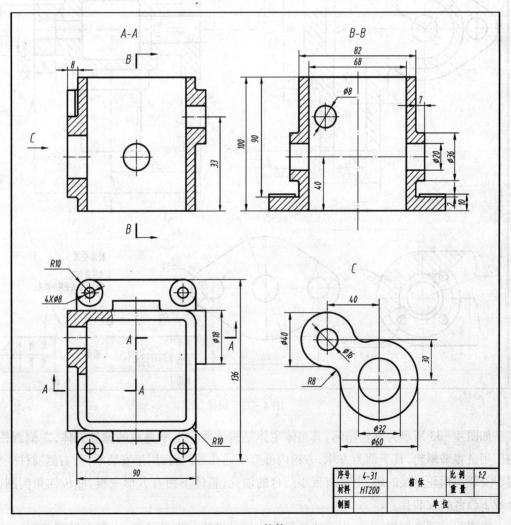

序号	4-31	箱体	比例	1:2
材料	HT200		重量	
制图		单位		

图 4-31 箱体

如图 4-32 所示的阀体,其主体结构为一个中空的立方块,立方块左端为前后放置的半圆柱,右端为上下放置的半圆柱。右端上凸出一个圆柱,下凸出一个台阶状圆柱。左端后凸出一个带法兰盘的圆柱管。主视图采用全剖视,表达立方块的截面形状、上凸圆柱体和下凸圆柱体的上下通孔等。左视图采用 B—B 全剖视,表达左侧外凸圆管和法兰的截面形状及内腔结构。法兰盘形状用 E 向局部视图表达,上端面及其上四个螺纹孔的位置用 C 向局部视图表达,并通过局部剖视表达出立方块右侧的半圆柱壁的内外形状。

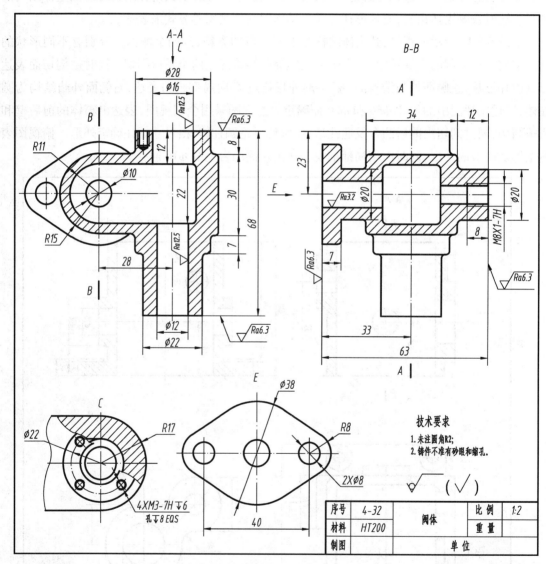

图 4-32 阀体

如图 4-33 所示为蜗轮箱体,其箱体主体结构为两个水平叠放的圆柱壳体,左侧圆柱壳体的作用是容纳蜗轮,其下部为方箱,方箱内外有带通孔的凸台,用于安装蜗杆;右侧圆柱壳略小,用于安装与蜗轮连接的轴,上部有带小凸台的油孔;箱体下面有方形底板,底板四角倒圆,有四个带下凸台的安装孔。

主视图采用全剖视,表达出箱体各部分的相对位置和连接关系、左侧容纳蜗轮蜗杆的空腔的结构、蜗杆轴安装凸台及孔的形状和位置、左端面上螺纹孔的结构、底板和箱体的截面形状、蜗轮轴孔及油孔的结构、支撑肋板的形状等。箱体是前后对称的,左视图采用了半剖视,左侧剖开部分表达出左侧箱体壳的截面形状,它上面是半圆形壁,下面是方箱状,与底板连成一体;蜗杆轴孔壁向两侧凸出,以形成足够的支撑强度,后端面上有四个 M3 的螺纹孔。左视图未剖的部分表达箱体左端面外形、螺纹孔位置、底板下面四角的下凸台结构,并用局部剖视图表达出底板上安装沉孔的结构。俯视图同样采用半剖视,表达出底板的形状、安装孔的位置,以 A—A 半剖视表达出蜗杆轴线平面的截面形状、加强肋板的断面尺寸等。由于蜗杆轴孔的端面形状在三个基本视图中还没有表达完全,单独用 C 向局部视图来表达。底板上四个下凸台的外形采用 D 向局部视图表达。

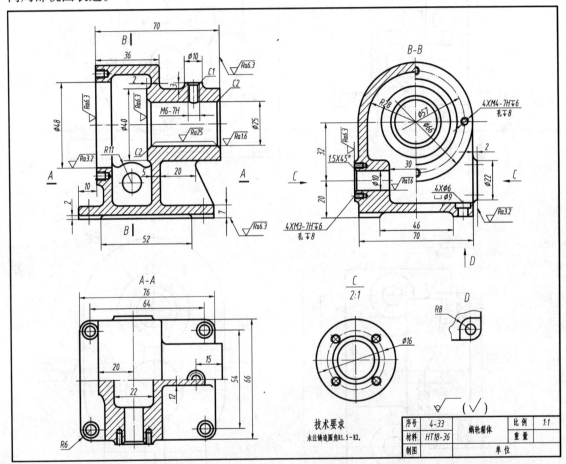

图 4-33　蜗轮箱体

如图 4-34 所示的齿轮泵体,其主要工作结构是容纳齿轮的空腔及安放齿轮的轴孔结构。图中主视图采用全剖视图重点表达上述结构形状,并用移出断面图进一步表达加强肋。左视图主要表达泵体左端面形状和端面上的螺纹孔和销孔的位置,并用局部剖视图表达进出油孔的结构和底板安装孔结构。俯视图表达泵体外形和底板形状,并用局部剖视进一步表达泵体内腔及与进出油孔相贯关系。用 B 向视图表达右侧外形、加强肋的形状等。

如图 4-35 所示的支座,其大体结构为一个方形底板上支承一个圆柱筒结构,在圆柱筒结构顶部设计有一螺纹油孔,底板与圆柱筒之间由内空的方形肋板连接。主视图采用全剖视表达

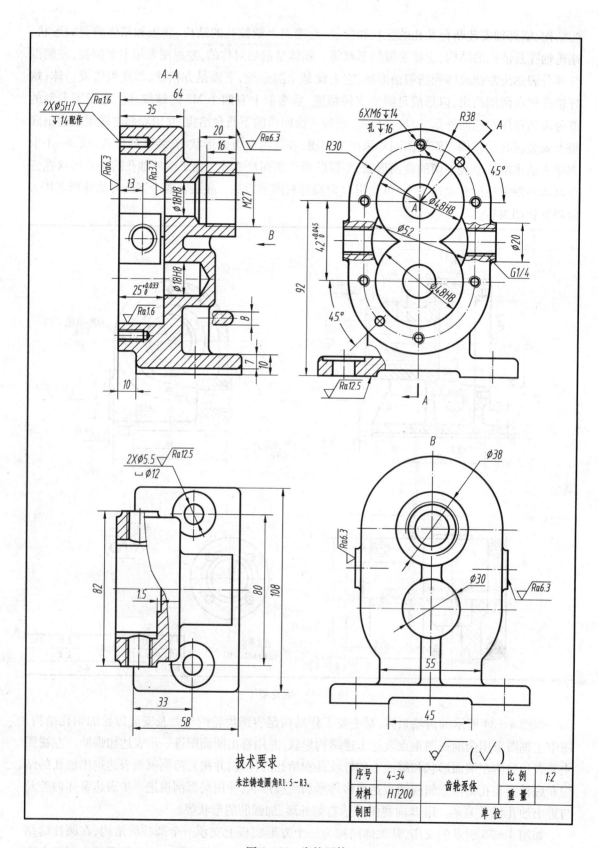

技术要求

未注铸造圆角R1.5~R3。

序号	4-34	齿轮泵体	比例	1:2
材料	HT200		重量	
制图			单位	

图4-34 齿轮泵体

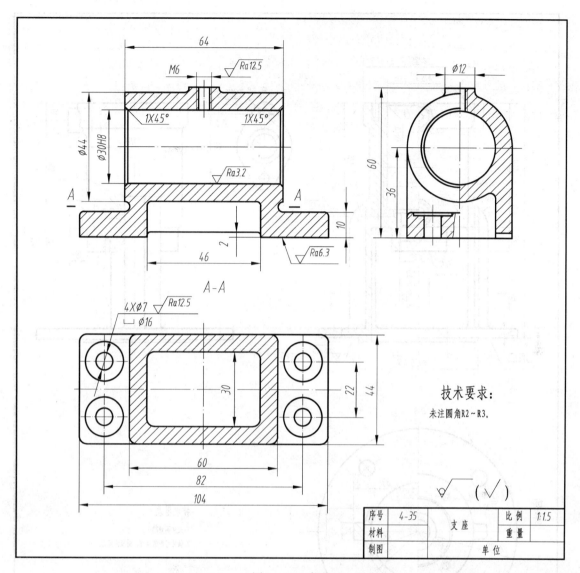

图 4-35 支座

圆柱筒的通孔结构、油孔结构和底板、支承肋的结构;左视图采用半剖视表达前后对称的结构形状,并采用一个局部剖视表达底板上的安装孔结构;俯视图采用 A—A 剖视,主要表达底板上安装孔的分布和支撑肋的方形壁厚结构。

如图 4-36 所示的支座,其基本结构为回转体,在半剖视的主视图中,各回转结构得以表达。支座上顶面为圆形,有四个螺纹孔,其结构在主视图剖开部分表达,其分布位置在半剖视的俯视图的未剖部分表达。支座前方有上下两个凸台,并有锥管螺纹孔,主视图左侧未剖部分表达其外形,左视图中采用局部剖视表达其内部结构。支座上部内腔为光孔 $\phi75$,光孔底部有沟槽 $\phi82$,底部上凸、下凸圆台,并有通孔 $\phi24$,这些结构在主视图剖开部分得以表达。支座底板为圆形盘,其外形及安装孔在俯视图中表达。底板与支座主体回转结构间通过左右两侧的支承肋连接,支承肋的截面形状在俯视图中剖出表达,而其壁厚结构在主视图中剖开表达,外形则表达在左视图中。

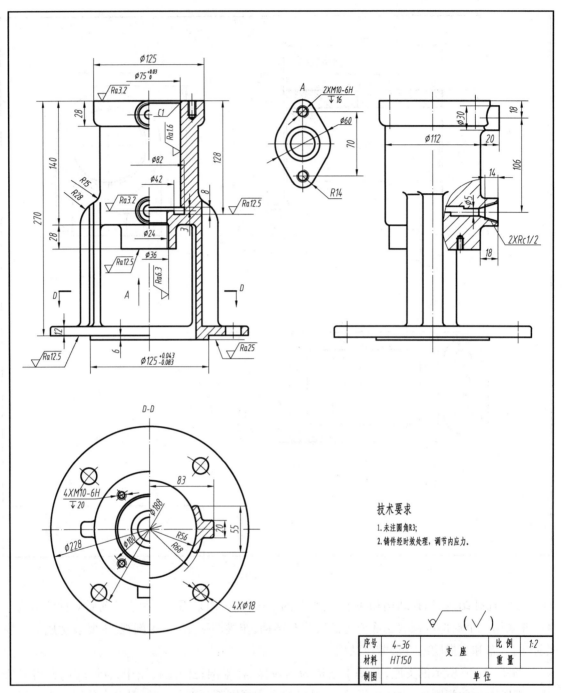

图 4 - 36　支座

4.6　支承板、加强肋、肋板结构及其表达

实际工程中的零件,往往由于从性能、工艺等要求考虑,在结构中设计一些为增加零件强度、刚度、减小零件重量的支承板、加强肋或肋板结构。一般地,在安装底板与承受载荷的工作

结构之间会设计支承板,在较大尺寸的引出结构下会增加加强肋、肋板等。这类结构通常有规则的或有规律变化的截面形状,这时,一般在一个视图中表达它们的截面形状,在另一个视图中表达其长度方向的外形。而对于板状结构,通常它们的外形由被它们连接的那些结构的形状和位置所确定(通过立体之间的截交线、相贯线等),往往在表达那些结构的视图中得以表达,而其厚度方向的形状一般通过重合断面图或移出断面图来表达。

如图 4-37 所示的车轮,其工作结构是内圈用于安放轴类零件的轴孔(称为轮毂)和提供回转力的外圈(称为轮缘),在内外圈之间起连接作用的部分称为轮辐。设计轮辐的结构时一般考虑足够的强度和适当的重量,图中车轮的轮辐为薄板状,为增加强度,其间均布有 6 个凸起的肋状结构,为减小质量,在轮辐上设计有 6 个 φ40 的孔。主视图采用全剖视图,表达了轮辐的截面形状,凸起的肋状结构按图标规定以不剖画出,表达出它的外形及与相邻结构的关系,轮辐上的挖孔结构在主视图的下方以假想其旋转到剖切面位置画出。而轮辐上的 6 个凸起肋板和 6 个挖孔的位置则在左视图中表达。车轮是前后对称的,左视图采用了对称结构的简化画法。

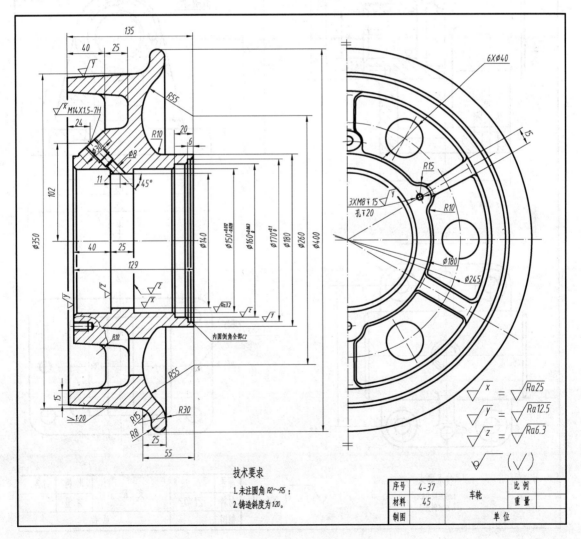

图 4-37　车轮

如图4－38所示的支座,其主体结构为支承轴类零件的圆柱筒,其内腔左右两侧为工作圆柱面,顶部有带凸台的螺纹孔,底板为方形,有四个安装孔,底板与支承圆柱筒之间由内空的箱体连接,两侧有加强肋板。支架零件是左右对称、前后对称的,因此,主视图和左视图均采用了半剖视图。主视图右侧剖开,表达各部分的内腔结构和连接关系;左视图左侧未剖部分表达左端面形状和螺纹孔的位置,右侧剖开部分表达顶部螺纹孔结构和支承箱体的结构、底板和定位通孔结构等;俯视图表达泵体外形、底板形状等。底板上的安装锪孔的位置在俯视图中表达,而其结构在主视图中通过局部剖视图表达。加强肋板的外形在左视图中表达了,其厚度方向形状和尺寸通过重合断面图表达。

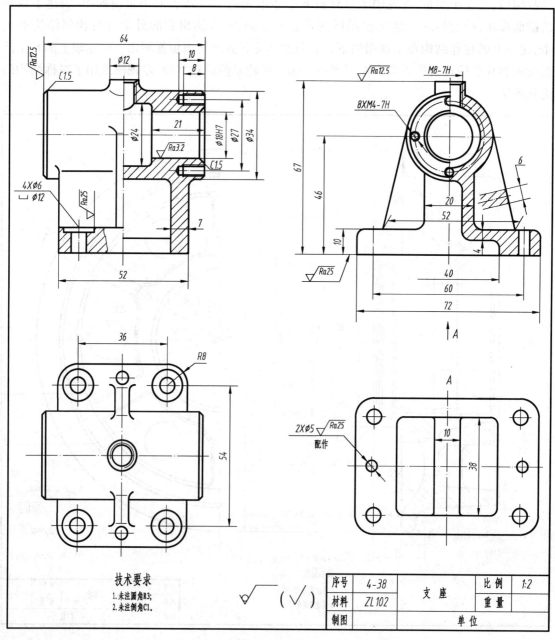

图4－38　支座

92

如图 4-39 所示的底座,主体结构为带圆形底板的圆柱筒,其圆柱壁上均布四个加强肋,圆柱筒内部为带台阶孔的梯形螺纹孔。

图中主视图采用半剖视,表达回转主体结构的内外形状,以及加强肋的形状。俯视图采用了对称结构的简化画法,表达了四个加强肋的分布情况及结构尺寸。

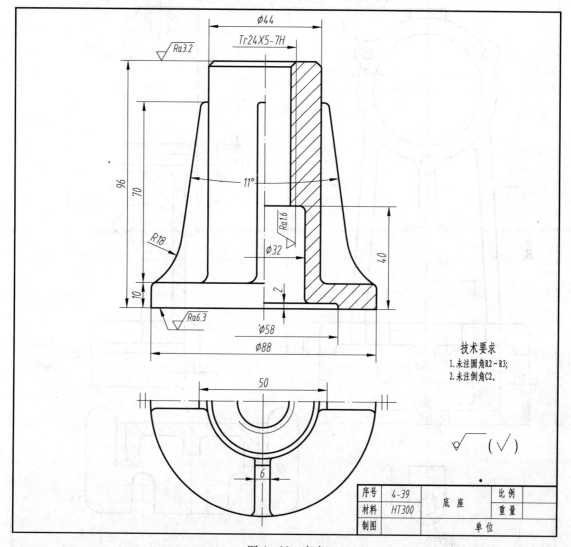

图 4-39 底座

如图 4-40 所示的支架,其主体结构为上部的轴承套,其圆柱壁上均布三个耳环,带通孔,顶部有半圆形凸台,有螺纹孔贯通;下面是底板,底板与轴承套通过槽型支承板连接,支承板呈锥形,并有加强肋。

主视图表达了各结构部分的外形和相对位置、连接关系。左视图采用 A—A 两个平行剖切面的全剖视图,表达出轴承套的内部结构、顶部螺纹孔结构、耳环通孔结构、槽型支承板的后面板截面形状和侧面外形、加强肋的外形、底板及开口槽的截面形状等,加强肋的截面形状用移出断面图表达。槽形支承板的截面形状和底板外形通过 B—B 剖视图表达。顶部半圆形凸台的外形通过 C 向局部视图表达。

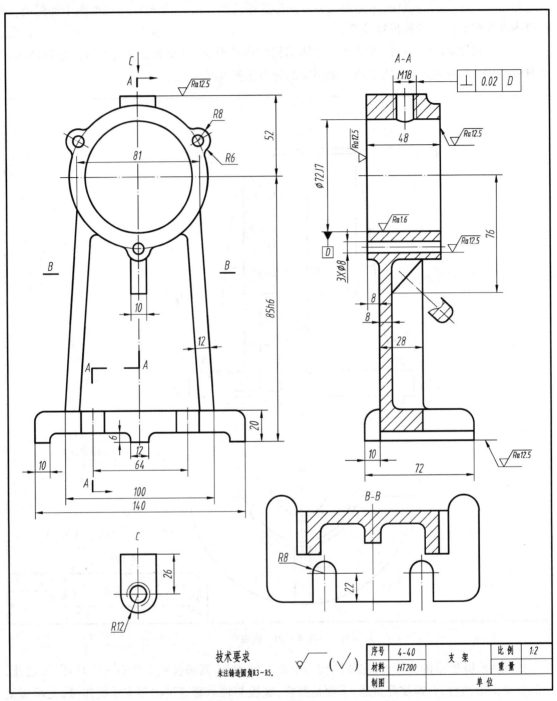

图 4-40　支架(一)

　　如图4-41所示为支架,其轴承套结构安放在一个拱形底板上,之间通过支承板和加强肋连接。主视图表达出各部分结构之间的相对位置和连接关系,外加强肋的截面形状分别用移出断面图表达,底板上的通孔和沉孔结构用局部剖视图表达。俯视图表达各结构外形和底板上通孔和沉孔的位置。左视图采用局部剖视图表达轴承套内腔结构和上部的沉孔结构。支承板结构通过 C—C 局部断面图表达出截面形状及与加强肋板的关系。

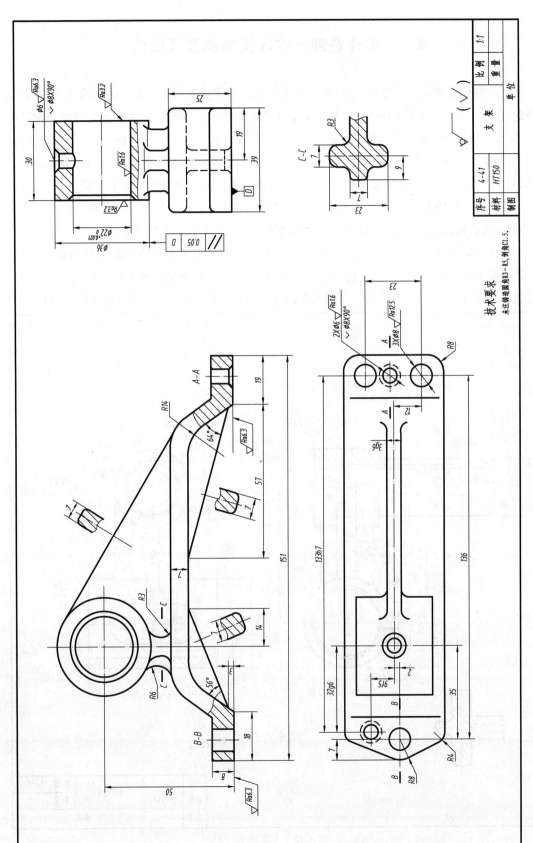

图 4-41　支架(二)

4.7 零件各部分的连接结构及其表达

零件的结构要素大致可分为三类:第一类是为实现零件特定功能而设计的结构,如包容其他零件的空腔、安放轴类零件的轴孔、为零件安装固定设计的底板和安装孔、增强零件强度和刚度的凸台、实现齿轮传动的轮齿等;第二类是考虑方便零件加工和装配等而设计的工艺结构,如倒角、圆角、退刀槽、安装孔的凸台、凹槽等;第三类就是零件各种功能结构之间的连接结构,通常是一些板状结构、柱状结构等,为达到需要的强度和节省材料,连接结构常常设计成十字形、工字形或槽形等。这类连接结构在表达时,一般在表达零件主体的视图中表达其外形及与其他结构的连接关系,再采用重合断面图、移出断面图或局部剖视图来表达它们的截面形状、壁厚等。

如图4-42所示为十字接头,它的作用是连接两个空间相互垂直的异面布置的轴,在两个交叉的轴承套之间设计有连接结构。图中,主视图表达了两个交叉轴承套的形状和相对位置,同时也表达出了连接结构的外形及与轴承套的连接关系,并采用局部剖视方式表达了连接结构

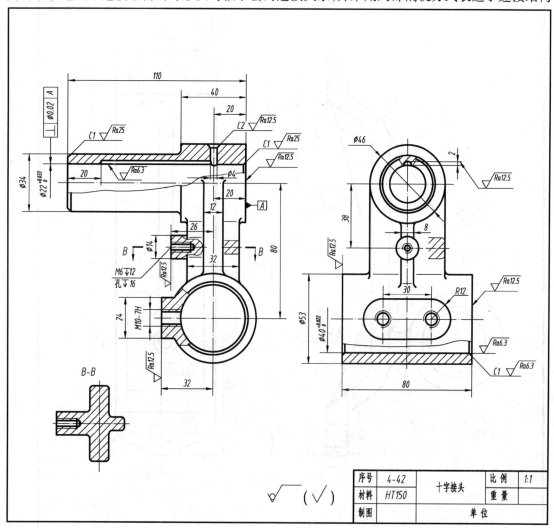

序号	4-42	十字接头	比例	1:1
材料	HT150		重量	
制图			单位	

图4-42 十字接头

96

上的螺纹凸台结构,用重合断面图表达了连接肋板的截面形状。左视图表达了连接结构另一个方向的外形,也采用了重合断面图来表达连接肋的截面形状。为更完整地表达十字形连接结构的截面形状,也可以不用重合断面图,而采用一个单独的移出断面图,如图中 *B—B* 断面图。

4.8 零件主体部分间的关系结构及其表达

零件由各种结构组成,其中完成零件主要功能、相对体积或面积较大的结构称为主体结构。一般地,一个零件可能包含一个或几个主体结构,这些主体结构之间的相对位置关系、相互连接关系是分析、理解零件形状的重要方面,在零件表达时也需要重点考虑这些关系结构的表达。考虑时要着重分析其关系特征和表达方式。

如图 4-43 所示的泵体,壳体和底板是其主体结构,壳体与底板间的连接支撑结构叠合在

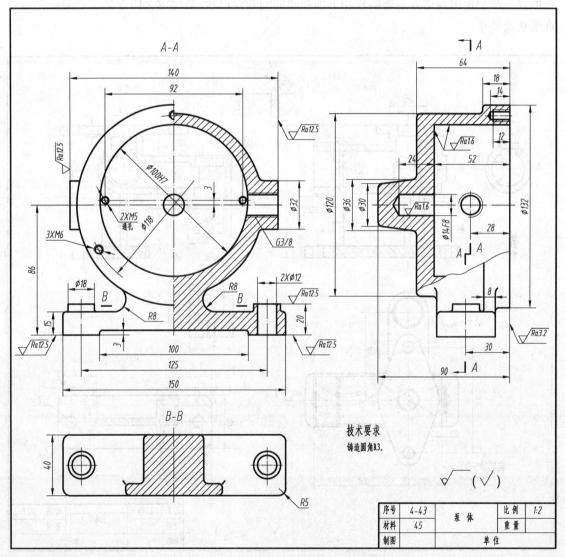

图 4-43 泵体

底板上表面,并与壳体外圆柱表面相交,这是此关系结构的特征。壳体外圆柱表面与内腔圆柱面是不同轴的,这是壳体结构的一个关系特征。主视图采用半剖视图,明确表示出这个不同轴的关系,同时表达出连接支撑与壳体和底板的连接关系。B—B剖视图表达连接支撑结构的截面形状,局部剖视的左视图的未剖部分表达连接支撑结构的外形。

如图4-44所示的壳体架,其主体结构有水平放置的圆柱筒、顶部的圆管连接的法兰盘、后方的竖直放置的圆柱筒、下方的十字形支承架连接的底板。水平圆柱筒、法兰盘和底板及其之间的连接结构在全剖视的主视图中表达出来了,水平圆柱筒左端的上凸结构通过C—C剖视图表达;十字形支承架的正平肋板的外形和侧平肋板的截面形状、连接法兰盘的圆管内外结构都在剖视中得以表达。左视图采用B—B全剖视,表达出法兰盘的截面形状、竖直圆柱筒的结构及连接的方形壳体结构,同时表达出十字形支承架的正平肋板的截面形状和侧平肋板的外形。俯视图表达主体结构外形、法兰盘外形等。D—D剖视图表达十字形支承架的断面形状和底板外形;E—E剖视图表达方形连接管和下加强肋的的断面形状;局部放大图表达水平圆柱筒内台阶形状及尺寸。

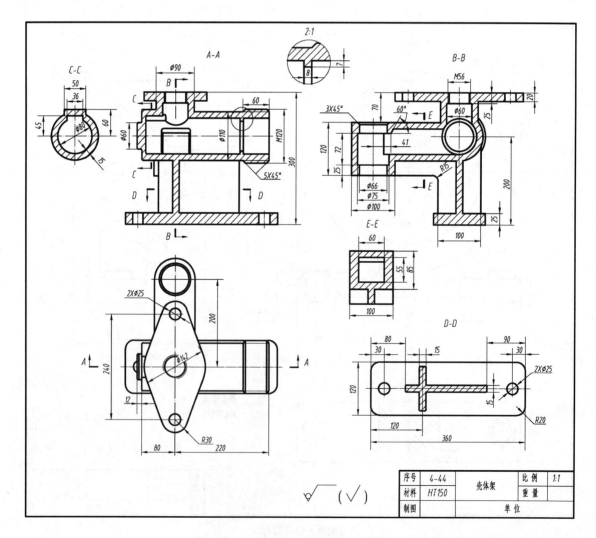

图4-44 壳体架

4.9 盘盖类结构及其表达

盘盖类零件是指那些有一个方向的尺寸相对较小的端盖、底板、齿轮、压盖等零件,其厚度方向尺寸相对其他方向尺寸较小,另两个方向上多为同轴的回转结构或平面对称结构。表达时,一般在厚度方向沿轴线剖开以表达轴线方向的内外结构分布,而在垂直轴线的视图中表达零件的外形及平面上孔、凸台、耳环等结构的位置和分布。

如图4-45所示的轮盖,其基本结构为回转体。主视图采用全剖视,表达回转轴线方向(厚度方向)上结构分布。左视图表达径向外形,由于零件是前后对称的,这里采用了对称结构的简化画法,表达出外缘上的三个耳环及沉孔结构。

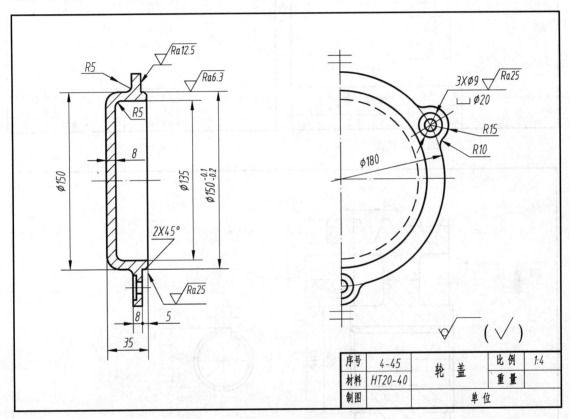

图4-45 轮盖

如图4-46所示的可通端盖和如图4-47的所示托盘,由于零件是完全的回转结构,需要表达的主要是内、外形中的台阶状分布情况和沟槽结构等,因此只需要一个全剖视的主视图即可。沿轴线方向的剖视表达出了各回转面的大小和位置。

如图4-48所示的皮带轮,基本为回转结构,轮毂的键槽形状在局部视图中表达,轴孔和轮辐回转槽、轮缘的三角槽等结构通过全剖视的主视图便表达清楚了。

如图4-49所示的齿轮,齿轮一般有轮毂、轮辐和轮齿三个部分,轮齿部分只需按国标有关规定法画出即可,而轮辐和轮毂则需按普通的结构表达画出。图中主视图采用全剖视画法,轮毂的轴孔结构和键槽再结合局部视图表达;轮辐为回转结构,剖开的主视图便表达明确了。

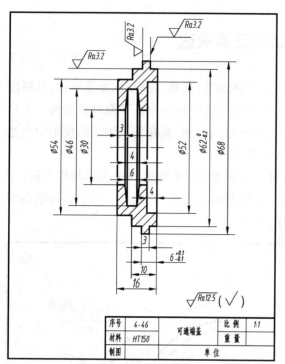

序号	4-46	可通端盖	比例	1:1
材料	HT150		重量	
制图		单位		

图4-46 可通端盖

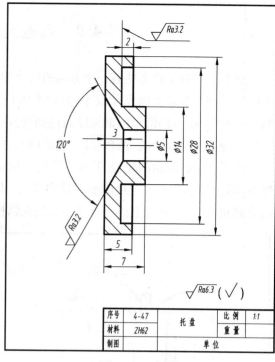

序号	4-47	托盘	比例	1:1
材料	ZH62		重量	
制图		单位		

图4-47 托盘

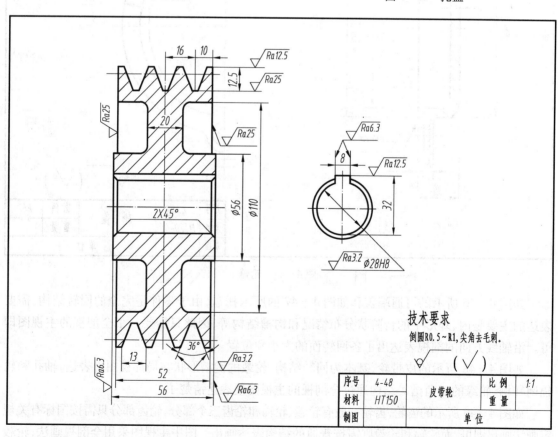

技术要求

倒圆R0.5~R1,尖角去毛刺。

序号	4-48	皮带轮	比例	1:1
材料	HT150		重量	
制图		单位		

图4-48 皮带轮

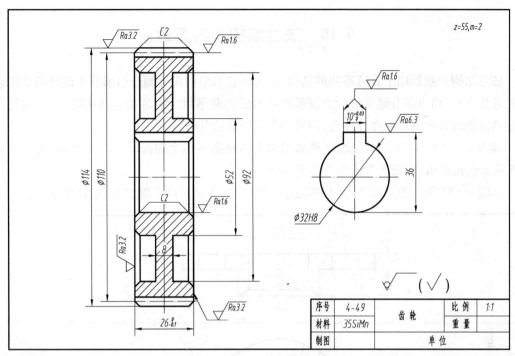

图 4-49　齿轮

如图 4-50 所示的轴承盖,主体形状在主视图上表达,主视图采用半剖视图,未剖部分表达轴承盖沿轴线方向的形状,左端面底板左侧有圆角,右侧压环结构分别有水平方槽和垂直方槽;剖开部分表达出左端面左侧的 φ54 凹坑和四个均布的沉孔,压环结构的内部通孔形状和方槽结构。另采用一个 *B—B* 半剖视图,表达底板上通孔的分布位置和两个方槽的形状。

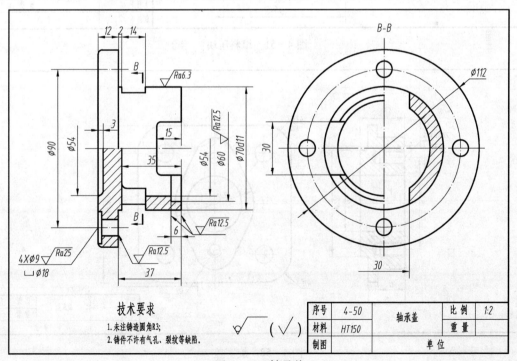

图 4-50　轴承盖

4.10 法兰结构及其表达

法兰结构一般指用于管道连接的结构,在回转管状结构向外侧凸出部分上设计用于安装螺栓的连接光孔,凸出部分通常设计成圆弧相切形成的椭圆状。表达法兰结构时,一般用剖视图表达其沿轴线方向的形状和连接孔,用另一个视图表达其外形。

如图4-51所示的填料压块,主视图采用全剖视图表达上端面厚度方向结构、光孔结构和φ16孔及锥孔结构;俯视图表达法兰结构的外形。

如图4-52所示的旋塞盖,其左侧是法兰状结构,上面有两个螺纹孔,接着是方形底板,四

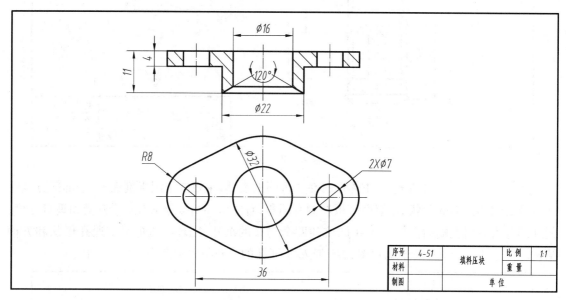

图4-51 填料压块

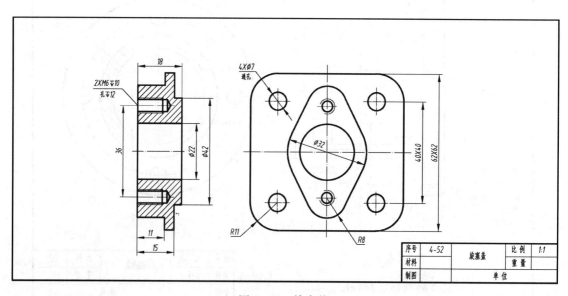

图4-52 旋塞盖

角是带圆角的安装孔,右侧是外凸的圆柱 $\phi42$,零件中间是 $\phi22$ 的通孔。轴线结构形状在全剖视的主视图中表达,左视图表达法兰结构和底板的外形。底板上的安装孔在主视图中没有表达,左视图表达了它们的分布位置,并在尺寸标注中注明"通孔"来完成表达。

图 4-53 所示的四通管中,四个方向的管道通口处均有管道连接结构,下连接面为圆形,有四个连接光孔,其形状表达在俯视图中;上连接面为方形,也有四个安装孔,其形状用 D 向局部视图表达;左连接面为圆形,有四个安装螺纹孔,其外形及连接管结构用 C—C 局部剖视图表达;右连接面为法兰结构,其结构在主视图和俯视图中表达截面形状,用单独的局部视图 G 表达其外形。

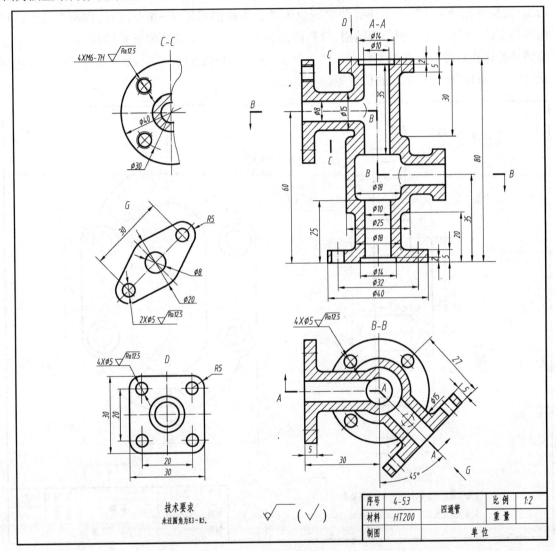

图 4-53　四通管

4.11　压盖结构及其表达

压盖结构可能属于盘盖类零件,也可能属于箱体类零件,4.10 节讨论的盘盖类零件主要以回转结构的盘盖类为主,突出其回转特性,着重考虑其轴向结构的分布和表达。而压盖结构很多不一定是回转结构,常常是对称的长圆形、方形结构。作为压盖零件,顾名思义,一般用螺钉等装配到其他箱体、泵体类零件上,起密封、压紧的作用,它们一般厚度方向尺寸较小,但设计有沿厚度方向的各种结构,以实现固定、紧固、定位等功能,并且有安装沉孔、光孔等结构。表达时,通常沿厚度方向作全剖视或半剖视,以表达该方向上的结构分布和孔、空腔等内部结构,而在另一个视图中表达安装孔等结构的分布和位置。

如图 4-54 所示的泵盖,其基本形状为长圆形,内腔为两个安放轴类零件的盲孔,为保证盲孔有足够深度,泵盖中部向左侧凸出;四周有 6 个沉孔,为保证沉孔尺寸,泵盖边沿有孔处向外凸出;安装沉孔分布的圆周上还有两个定位销孔。主视图采用 A—A 全剖视,用两个相交剖切面剖切零件,表达泵盖左侧凸起结构、内腔盲孔结构和位置、安装孔的沉孔结构,同时表达出定位销孔的通孔结构。左视图主要表达泵盖中部左凸起结构的外形和边沿上 6 个沉孔及周边形状、孔的分布位置、定位销孔的位置等。

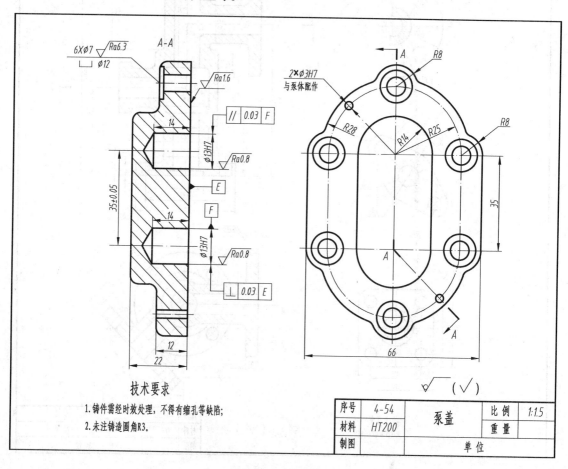

图 4-54 泵盖

如图 4-55 所示的减速箱盖,它与一般的盘盖类零件不同,由于要考虑容纳齿轮的上半部分,其内腔容积较大,而且左右大小不一,有一个斜面,斜面上有凸台和开孔。图 4-55 中,主视图主要表达箱盖的外形,并分别用局部剖视表达箱盖斜面的凸台和开孔结构、壁厚情况,安装沉孔结构、底板上的定位锥销孔 $\phi 3$ 和通孔 $\phi 4$。左视图采用两个平行剖切面的 A—A 剖视,主要表

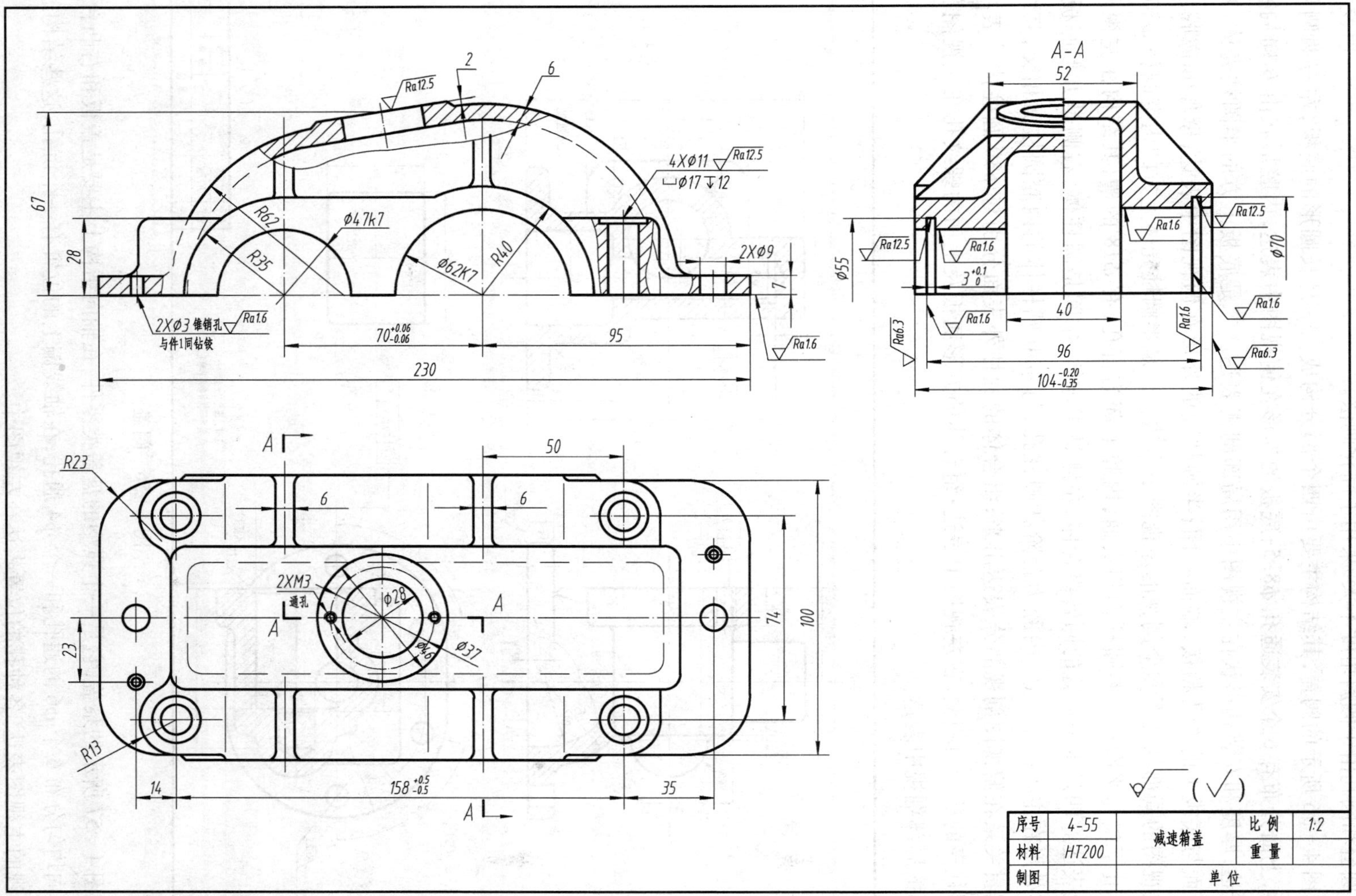

图 4 – 55　减速箱盖

达两处轴孔的结构和加强肋的形状。俯视图表达泵盖外形和各种安装孔、销孔的位置,其中,斜面上的圆台和圆孔由于倾斜角度不大,采用了简化画法。

如图 4-56 所示的阀盖,其结构主要由四个部分构成。一是长圆形的底板,左右两侧是半圆形,上面分布有 6 个安装通孔 $\phi8.5$;底板的外形在俯视图中表达,内腔形状由 B 向局部视图表达,厚度和安装孔形状在主视图中用局部剖视表达。二是底板上方的半圆柱壳体,其内腔下面与底板上的方孔相接,端面封闭;半圆柱壳的外形在俯视图中表达,壁厚和内腔形状在主视图的局部剖视图和全剖视的左视图中表达。三是半圆柱壳体上方的内空圆柱 $\phi30$,圆柱内孔下端与半圆柱内腔圆柱面相贯通,内腔上部为盲孔,有 $\phi18$ 的槽,其结构在左视图中剖视表达。四是水平放置的回转组合体,左侧是半球体,中间是圆柱体,右侧是方形底板;组合体外形在主视图中表达,内腔为台阶状圆柱孔,与 $\phi30$ 圆柱体的内腔圆柱面相交,其结构和相贯关系在俯视图剖视部分表达出来;组合体的圆柱外表面分别与 $\phi30$ 圆柱体外表面和半圆柱壳的前端面相交,在左视图中表达;组合体的方形底板及上面的螺纹孔在左视图和主视图的局部剖视中表达。

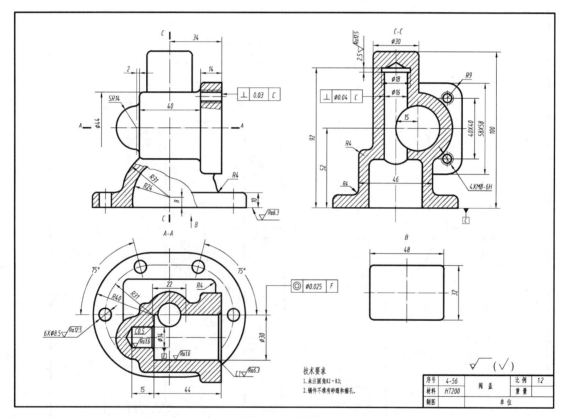

图 4-56 阀盖

如图 4-57 所示的泵盖,它是一个典型的盘盖类零件,在轴向结构上主要是盖板和右凸台,盖板周向均匀分布 6 个 $\phi6$ 的通孔和一个 $\phi4$ 通孔,在轴线偏上的位置有一个沉孔,这些结构通过全剖视的主视图表达,各种孔的位置表达在左视图中。

如图 4-58 所示的顶盖,其基本形状为回转结构,外形由左侧圆柱面和右侧圆形回转面构成,内腔为台阶孔,左端面上均布 24 个方槽。主视图采用全剖视表达出轴向外形和内腔的台阶孔结构,方槽的宽度和深度表达在剖开的主视图中,而它们的分布情况表达在左视图中。左视图采用了对称结构的简化画法。

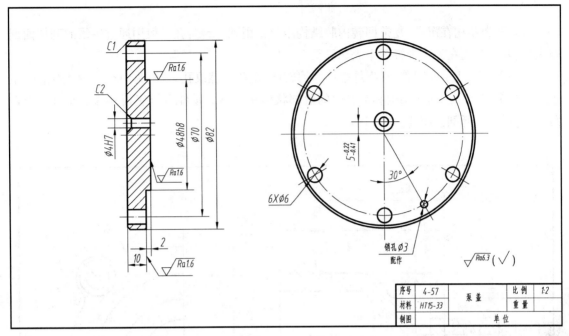

图 4-57　泵盖

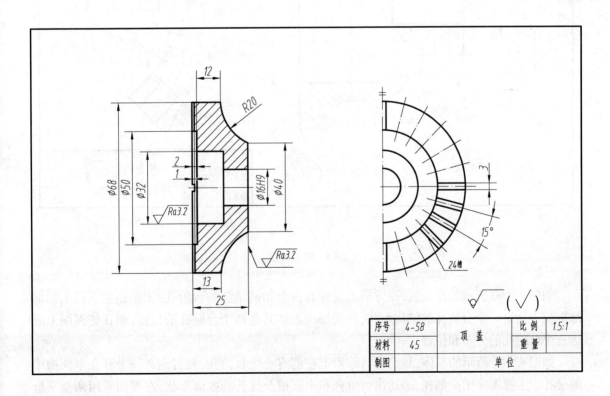

图 4-58　顶盖

4.12 台阶孔类结构及其表达

台阶孔类结构在沉孔、复杂回转内腔结构中经常用到。台阶孔一般用通过轴线的剖切面剖视表达,其位置则在另一个视图中表达。

如图 4-59 所示的阀盖,其零件整体为回转体,左侧为螺纹孔,右侧为中空台阶状内腔。主视图采用全剖视表达回转结构和沿轴向的阶梯状结构分布。零件右侧底板外缘分布有四个台阶沉孔,通过局部剖视图 A—A 表达。

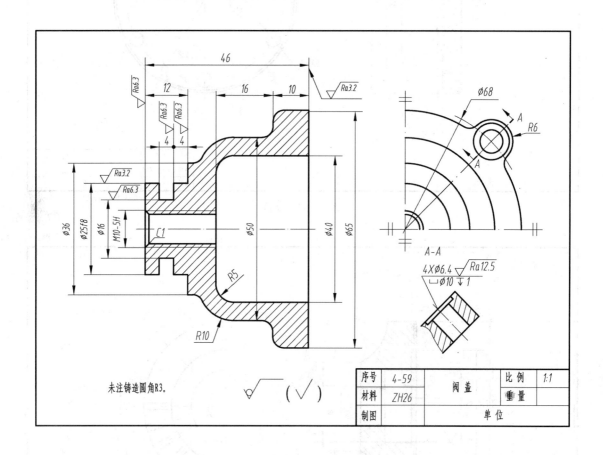

图 4-59 阀盖

如图 4-60 所示的左盖板,在方板上设计有三个相同结构的台阶孔,图中在主视图上用局部剖视表达出一个台阶孔的结构形状,并用轴线表达其他两个台阶孔的位置,而在俯视图上表达三个台阶孔的分布和位置。

如图 4-61 所示的基体,其前后对称面上左侧有一个台阶孔,而右侧有一个开在半圆槽中的通孔。主视图采用全剖视,表达出台阶孔和半圆槽及通孔的截面形状,左视图采用两个平行剖切面的 B—B 剖视,左侧表达台阶孔结构,右侧表达半圆槽及通孔的截面形状。

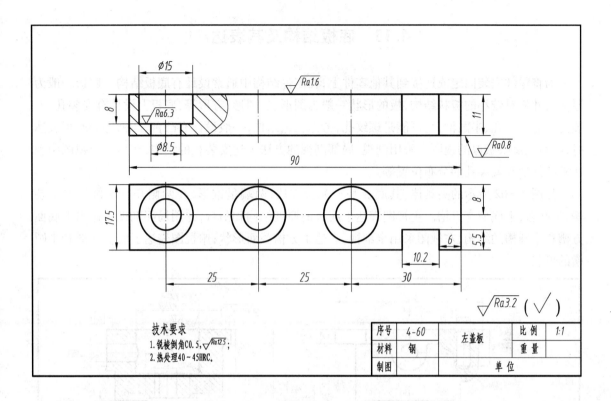

图 4-60 左盖板

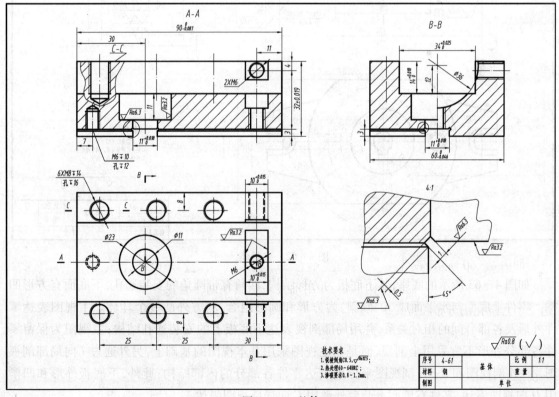

图 4-61 基体

109

4.13 底板结构及其表达

为将零件安装固定或连接到其他零件上,在零件结构中通常设计有底板结构。底板一般为厚度尺寸相对较小的板状结构,板的形状一般为圆形、长圆形、方形等,底板上设计有安装孔,安装孔可能是光孔、半圆槽,也可能是螺纹孔,考虑工艺结构,一般设计有凸台、凹槽等。底板表达时,一般在反映板厚的视图中采用剖视、局部剖视的方法表达安装孔的结构,在另一个视图中表达板的外形和安装孔的分布位置等。

如图 4-62 所示的夹具体,其底板基本为长方块,两端呈锥形,在两侧开有半圆形的安装槽,带凸台,下底面有方槽。主视图表达了底板的厚度结构和凸台,并用局部剖视表达出下底面方槽和半圆槽的结构;左视图采用全剖视,表达了方槽截面形状;俯视图表达了底板外形和半圆槽的形状。

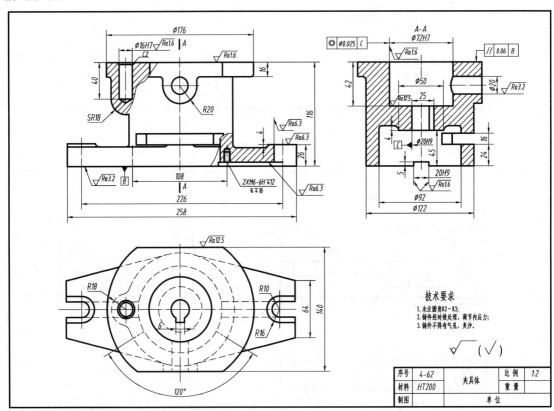

图 4-62　夹具体

如图 4-63 所示的底座,其下底板为方形结构,四角有带圆角的安装通孔,下底面有方形凹槽。零件上底面与水平面成 30° 倾斜,为方形和圆形组合,前方外凸一个耳环。主视图表达零件外形及各部分间的相对关系,并用局部剖视表达下底板上的安装通孔结构;主视图为保留零件各部分外形不宜采用全剖视,而是在主视图采用基本视图的基础上,另外通过 I 向局部剖视图、A—A 剖视图和 B—B 剖视图来分别表达零件各部分的内部结构;此外,下底板外形和凹槽用 D 向视图表达,零件右侧面上凸台外形用 C 向局部视图表达。

110

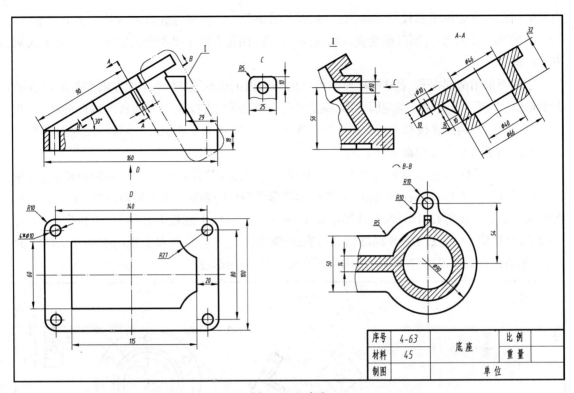

图 4 - 63 底座

如图 4 - 64 所示的座体,其主体结构为内空的圆柱座,左右端面上各有 6 个均布的螺纹孔,

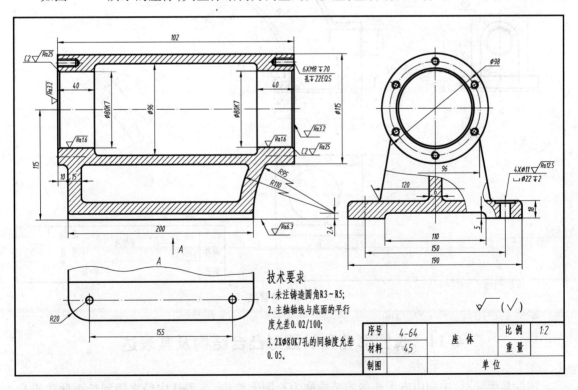

图 4 - 64 座体

内腔中间是一个 $\phi96$ 的圆柱腔,两侧是一个 $\phi80$ 的轴孔。圆柱座与底板之间是工字形支承架,左侧是平面肋板,右侧是圆弧形肋板。底板为方形板,四角有四个带圆角的安装孔,底板下底面有方形槽。

　　主视图采用全剖视图,表达圆柱座内外结构和端面的螺纹孔、支承架的左右肋板和底板的截面形状;左视图表达圆柱座端面外形、螺纹孔的分布位置、支撑架左右肋板的端面形状等,并用局部剖视图表达出底板和中间支撑肋板的断面形状、底板上安装沉孔的结构等;底板的外形和方槽结构用 A 向局部视图表达。

　　如图 4-65 所示的弯管座,下底板为方形板,水平放置,其外形图用 C 向局部视图表达;左侧凸台结构采用 E 向局部视图表达;上底板为圆形板,在主视图中处于倾斜位置,全剖的主视图中表达了上底板的截面形状,其外形用 D 向局部视图表达,上底板上有 6 个 $\phi8$ 通孔和 $R2$ 的半圆槽,其结构尺寸通过 B—B 局部剖视图表达;弯管上的凸台结构在主视图中剖开反映它的位置,用局部放大图表达它的轴向结构和标注尺寸,再用局部视图表达出其外形。

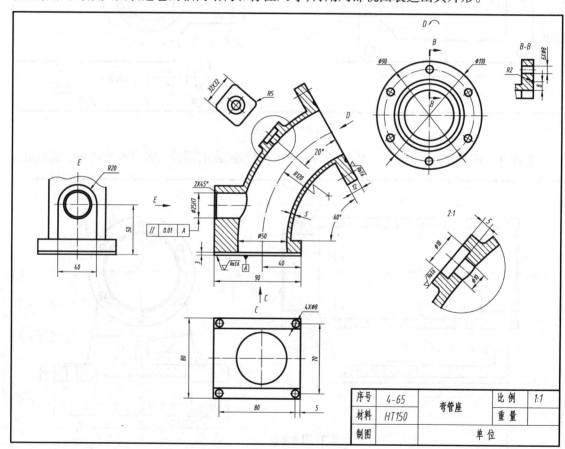

图 4-65　弯管座

4.14　长圆形孔和长圆形凸台结构及其表达

　　两端是半圆形、中间由方形连接的结构称为长圆形结构,在零件中经常用到长圆形孔或凸台这类结构。表达长圆形结构时,一般用局部视图表达其外形和上面的孔、螺纹孔位置,用剖视

112

或局部剖视来表达其厚度方向形状和孔结构等。标注长圆形结构的尺寸时一般需标注两端半圆的半径和中心距离,可以在表达其外形的视图上标注。

　　如图 4-66 所示的底座,其主体结构是一个前开口的长圆形壳体,左右两侧分别有长圆形凸台。零件是左右对称的,主视图采用半剖视,表达了长圆形壳体的外形和内腔结构,左边未剖部分表达了左侧凸台的侧面外形,右边剖开部分表达了右侧凸台上的螺纹孔结构。长圆形壳体的壁厚情况及内腔与后通孔和上底板通孔的关系表达在全剖视的左视图中。左右凸台的外形用 C 向局部视图表达并标注尺寸。而后方的圆柱凸台的端面形状则用 B 向局部视图表达。

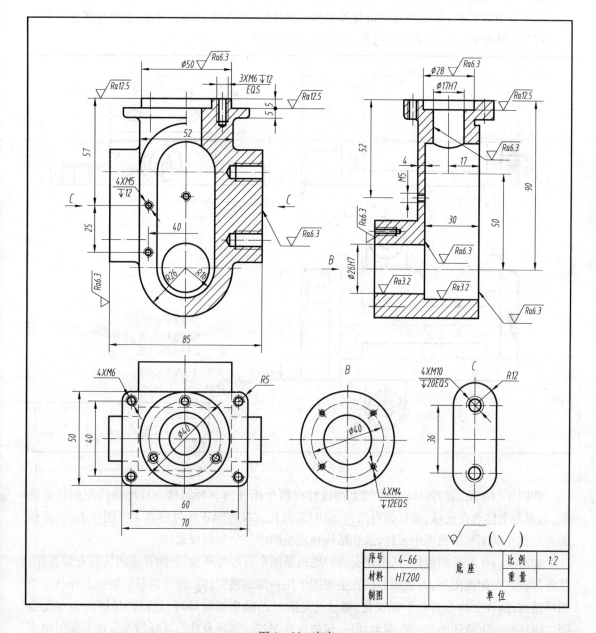

图 4-66　底座

113

4.15　耳环结构及其表达

当零件上需要在主体结构之外设计安装孔时,通常采用耳环结构。因此,耳环结构一端与零件主体相连,另一端通常是半圆形或方形,耳环上一般有安装通孔、工艺凸台或凹坑等结构。表达耳环结构时,通常用视图表达其外形结构,用剖视图表达其上的通孔、凸台或凹坑结构等。

如图4-67所示的固定钳身,钳身主体结构是立方块,为将钳身安装固定,在立方块的前后两侧设计了耳环结构,其下底面与钳身下底面平齐,有带凹坑的安装通孔。主视图采用全剖视,表达钳身立方块结构;俯视图表达钳身外形和耳环外形;左视图采用半剖视,在剖开部分中表达了耳环与主体结构的连接关系和通孔、凹坑的截面形状。

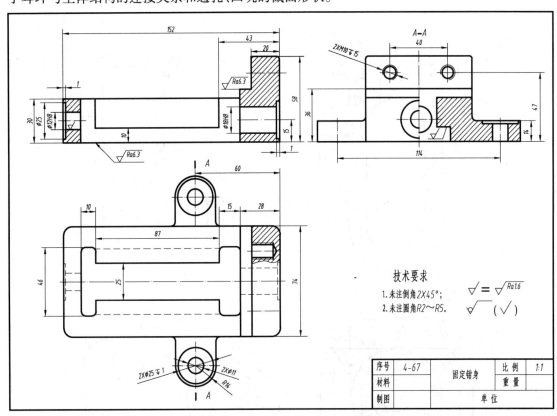

图4-67　固定钳身

如图4-68所示的阀体,其左侧上部设计有两个相同的耳环结构。耳环结构左侧是半圆形,右侧与主体叠合连接,前后侧有凸台,中间是通孔。耳环的正面外形在主视图中表达,而侧面外形在左视图和俯视图中表达,通孔结构在左视图中用局部剖视表达。

如图4-69所示的箱体,其箱体安放的底板是四个方形耳环块,上面有带凹坑的安装通孔,其外形表达在俯视图上,而截面形状在主视图中用局部剖视表达。箱体的前后箱壁上外凸一个圆环结构,圆环上均布有6个螺纹孔,螺纹孔处有外凸的半圆状耳环,以提供足够的为布孔空间。圆环的右下角还凸出一个圆形耳环,带螺纹孔M12。圆环及外凸耳环的外形在主视图中表达,截面形状在剖开的左视图中表达。

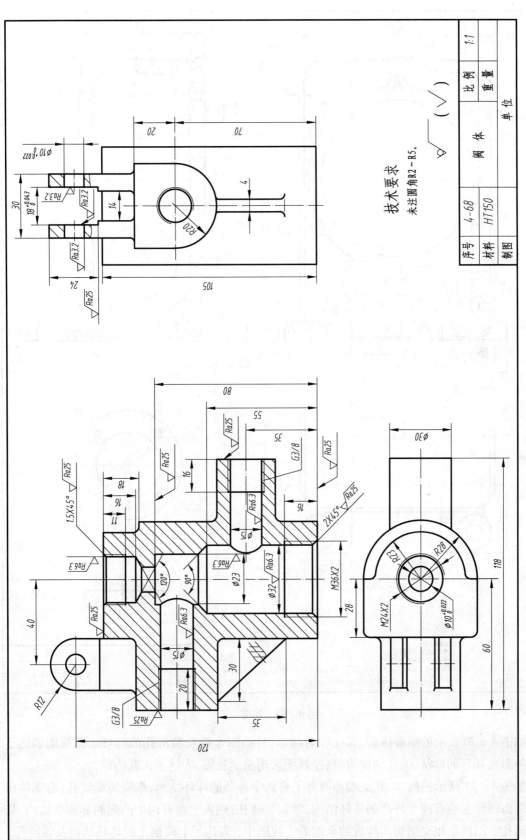

技术要求
未注圆角R2～R5。

图4-68 阀体

序号	4-68	比例	1:1
材料	HT150	重量	
制图		单位	

阀 体

115

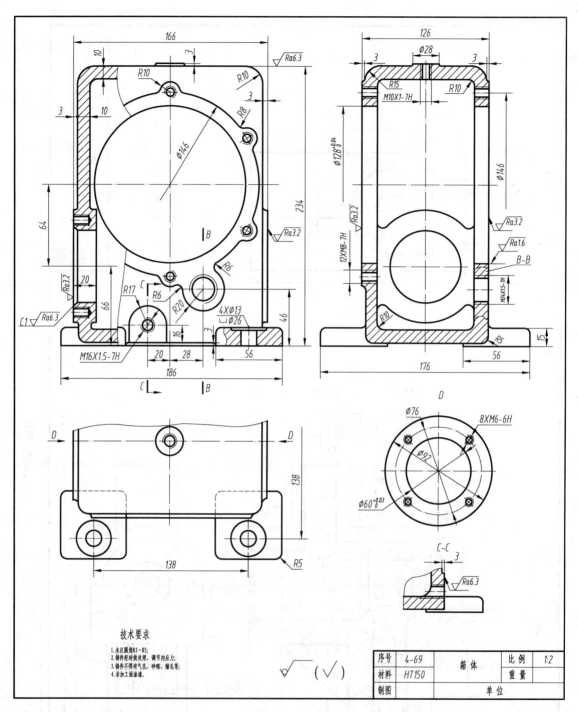

图 4-69　箱体

　　如图 4-70 所示的喷雾压盖，其底板为圆形，外凸四个带安装沉孔的耳环。俯视图表达了底板外形和耳环的形状、沉孔的位置等；左视图采用全剖视图，表达了沉孔的结构。

　　如图 4-71 所示的阀体，其上端面圆环上有四个外凸的耳环结构，带安装螺纹孔；右侧伸出管的端面圆环上也有四个外凸的耳环结构，带安装通孔；底板上也有四个凸起的耳环状结构，带台阶通孔。用两个相交剖切面构成的全剖的主视图中，表达了上端面上的耳环结构及螺纹孔、

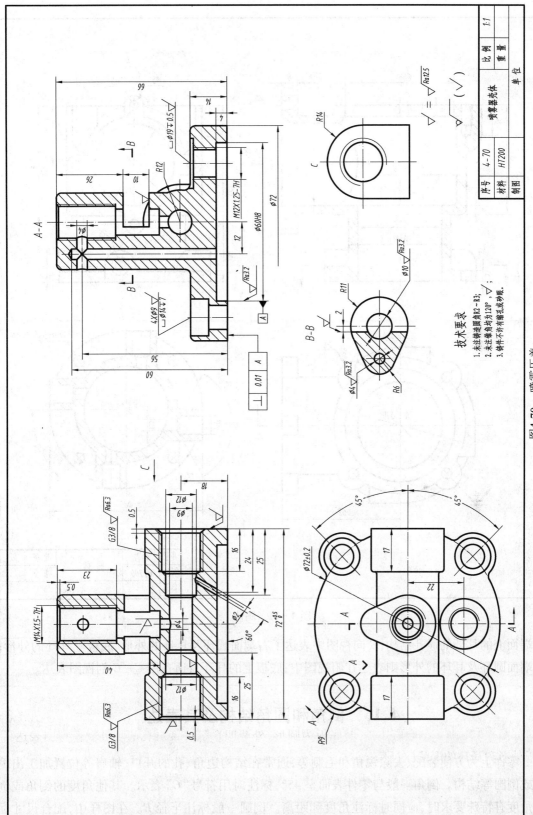

技术要求
1. 未注铸造圆角R2～R3;
2. 未注锥角为120°, ▽;
3. 铸件不许有裂纹或砂眼.

图4-70 喷雾压盖

序号	4-70		喷雾器壳体		比例	1:1
	材料	HT200			重量	
	制图				单位	

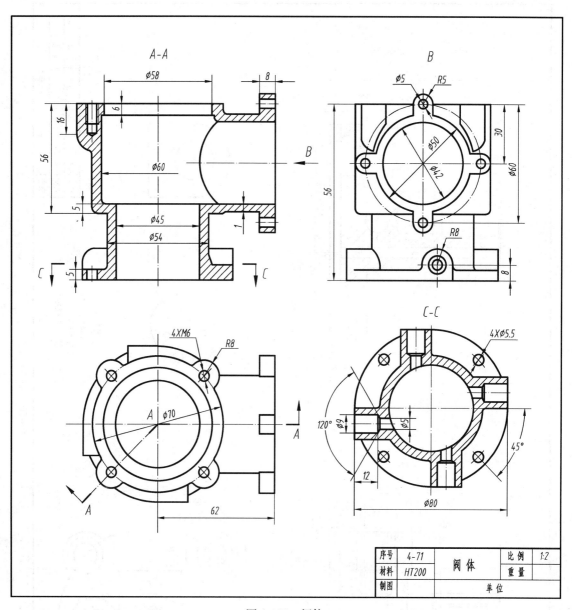

图 4-71　阀体

右端面上的耳环的通孔结构;B 向视图中表达了右端面圆环及耳环的外形、底板上耳环的外形;上端面圆环及耳环的外形则表达在俯视图中;底板上的耳环及通孔用 C—C 剖视图表达。

4.16　倒角和圆角结构及其表达

零件上为方便装配、去除锐角和毛刺等,通常在结构边角、孔的开口、轴肩等位置加工出倒角或倒圆等结构。倒角一般与零件表面呈 45°,标注时用符号"C"表示。其他角度的倒角或倒角角度有特殊要求时,应同时标注角度和距离。倒圆一般标注半径 R。在图样中,配合尺寸标注,倒角和倒圆通常在一个视图中便能完整表达。

118

如图 4-72 所示的阀门,只用了一个全剖视的主视图。圆柱 $\phi 35$ 左端面加工有 $1.5×45°$ 的倒角,在图中标注"C1.5";圆柱孔 $\phi 28$ 的开口端加工有 $1×45°$ 的倒角,在图中标注"C1",并画出倒角线;阀门右端加工有 $2.5×45°$ 的倒角,并且角度尺寸精度有要求,因此要分别标注出距离 2.5 和角度 $90°±25'$。阀门右侧轴肩处加工有内外圆角,分别标注为 $R1$。

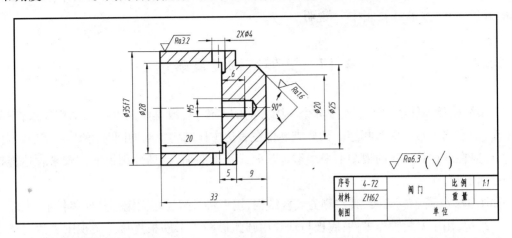

图 4-72 阀门

如图 4-73 所示的卡爪,其主视图采用全剖视,左视图采用基本视图表达零件外形。零件

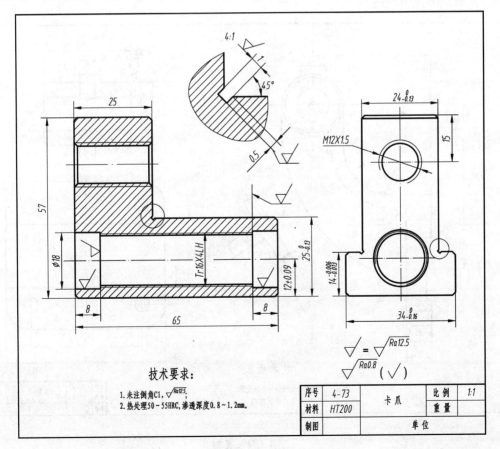

图 4-73 卡爪

119

外形基本为一"L"形方形体,底板部分为前后外凸、宽为34mm 的四方块;上部为宽24mm 的 L 形块状体。零件外部表面均为 Ra 值不大于 0.8μm 的精加工面,在上下部分之间和左右部分之间设计有砂轮越程槽,其结构形状通过局部放大图表达。零件的外凸角处均设计有尺寸相同的倒角,其尺寸在"技术要求"中统一说明。

4.17 叉架结构及其表达

叉架结构类零件通常用来连接两个不同方向的零件,一般有不同方向的结构要素,中间用工字形、槽型或 T 形等肋板相连。叉架类零件在表达主体结构要素的同时还要考虑连接构件的表达,一般在表达其外形的视图上采用重合断面或移出断面、或局部剖视的方式来表达连接构件的截面形状。

如图 4-74 所示的叉架,其左侧为底板结构,用于将叉架连接固定到其他零件上;上端为圆柱轴套结构,用于安放轴类零件;底板与轴套用圆弧形的 T 形肋板连接。主视图表达上述三个主要构件的外形和相对位置关系、连接关系等,并用局部剖视表达底板上安装通孔的结构,用移出断面图表达 T 形肋板的截面形状;采用 A—A 局部剖视图表达轴套构件的内部结构;底板的外形用 B 向局部视图表达。

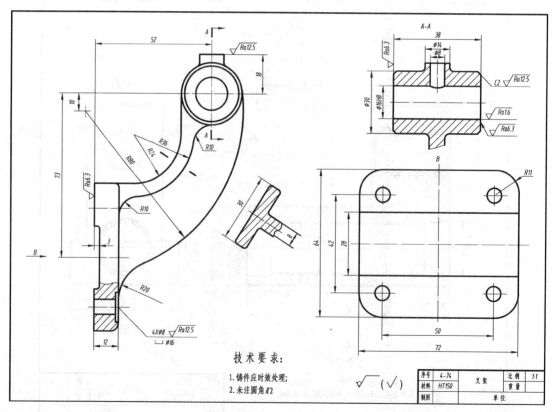

图 4-74 叉架

120

如图 4-75 所示的拨叉,其主体结构是回转轴套,上部为叉形结构,右下是倾斜的肋板连接的半圆形构件。主视图采用两个相交剖切面的剖视,表达上述构件的主体结构和构件间的连接关系;左视图表达结构外形、倾斜构件的位置、连接肋板的连接关系等。主视图中用移出断面表达加强肋的截面形状;轴套构件上的锥孔结构用 *B—B* 剖视图表达。

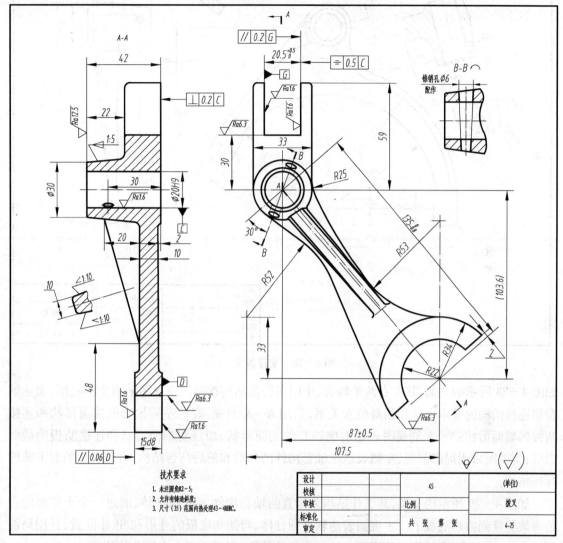

图 4-75 拨叉

如图 4-76 所示的变速拨叉,其主视图表达回转轴套和左侧叉体、右侧叉体的外形和相对位置,左视图表达其侧面外形。回转轴套采用 *A—A* 局部剖视图表达其截面形状和轴孔结构;再用 *C* 向局部视图表达轴套右侧的半圆形凸台结构。用 *B—B* 断面图表达 L 形叉体的截面形状。

如图 4-77 所示的主轴架,其主要构件是左右两侧安放主轴的轴套构件,它们之间通过弯折的连接板相连。主视图表达各主要构件的外形和位置关系,并采用局部剖视分别表达右侧轴套的轴孔结构和连接板上安装沉孔、通孔的结构。俯视图表达各构件外形和连接板上各种孔的位置。*A* 向局部视图表达左端面外形和连接肋板形状,*B—B* 剖视图表达前后侧面上的通孔结构,*C—C* 剖视图表达左端轴套的通孔结构。*D* 向局部视图表达右侧轴套外形,并用局部剖视表达上端滑油孔的结构。

121

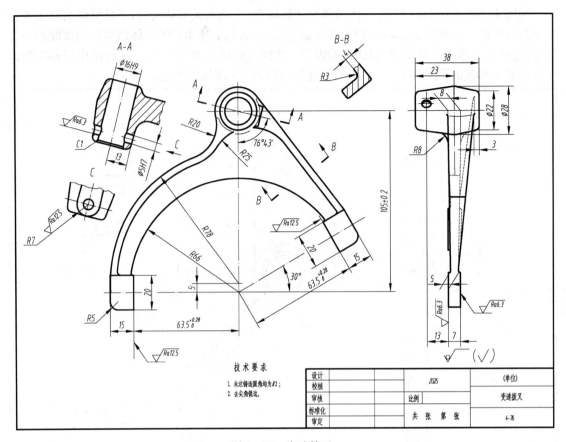

图 4-76　变速拨叉

如图4-78所示的支架,其左右两个轴套,中间用肋板结构连接。主视图采用全剖视图,表达轴套和连接结构的基本形状和相对位置关系;采用**K—K**剖视,表达左侧轴套的端面形状和连接肋板的截面形状;**N—N**剖视图表达右侧轴套的端面形状、加强肋端面形状和连接肋板的截面形状;俯视图采用局部剖视,左侧表达左轴套构件的外形和前后凸台结构,右侧表达轴套下部的耳环结构。

如图4-79所示的支架,其工作结构为竖直的轴套构件 $\phi40$ 圆柱体,通过一个十字形的直角弯架连接到方形底板上。主视图表达轴套圆柱体、弯架和底板的外形和相对位置,并用局部剖视表达轴套的内孔结构。俯视图表达各构件的外形、底板上四个安装孔的位置。

如图4-80所示的托架,其主视图表达构件的各部分结构外形、位置关系,并用局部剖视图分别表达上部叉形板的通孔结构和下部侧板上的通孔结构;左视图采用全剖视图,表达结构中各种孔的位置。

如图4-81所示的拨叉,其主视图采用 **B—B** 剖视图,表达零件上部的圆管及左侧相贯的圆管的内部结构和连接关系、下部半圆柱构件的外形,并用局部剖视表达其台阶结构,用重合断面图表达连接肋板的截面形状。左视图采用局部剖视,剖开部分表达各结构内孔形状和断面结构、连接肋板结构等,并用重合断面表达连接肋截面形状,未剖部分表达左侧凸台的外形。

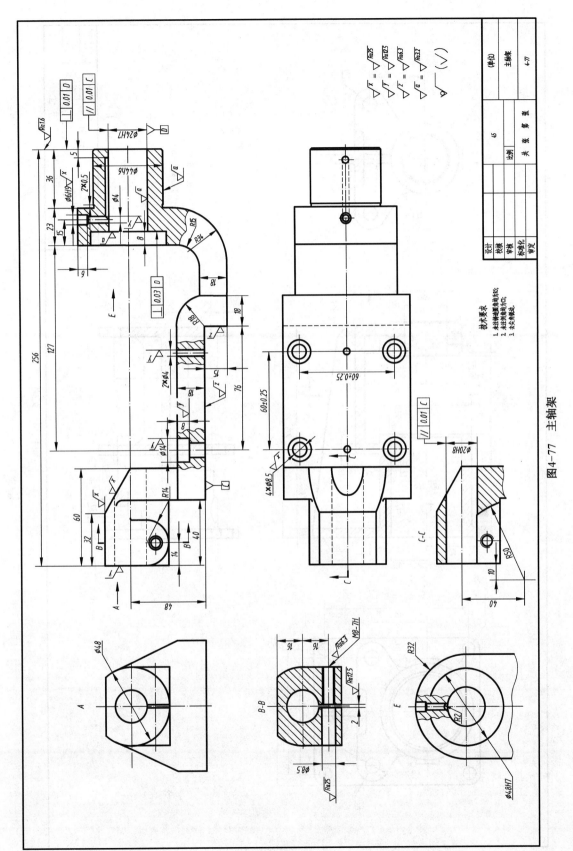

图4-77 主轴架

123

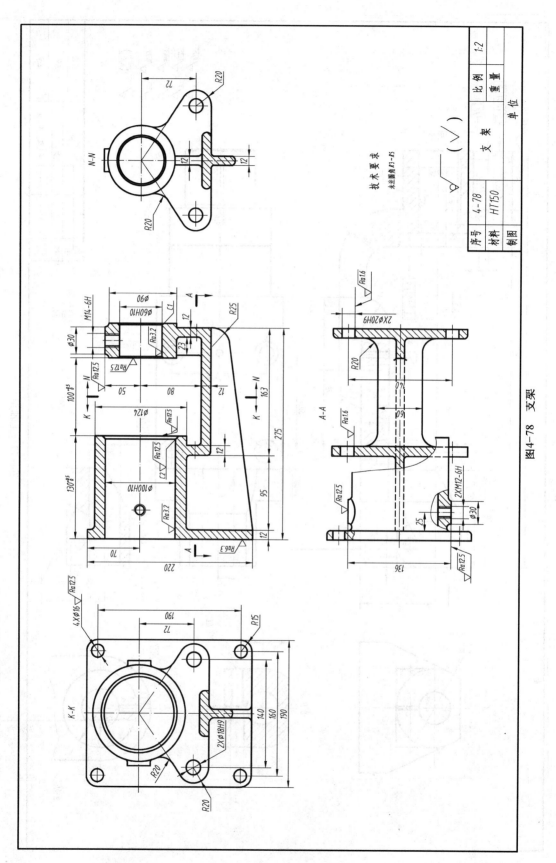

图4-78 支架

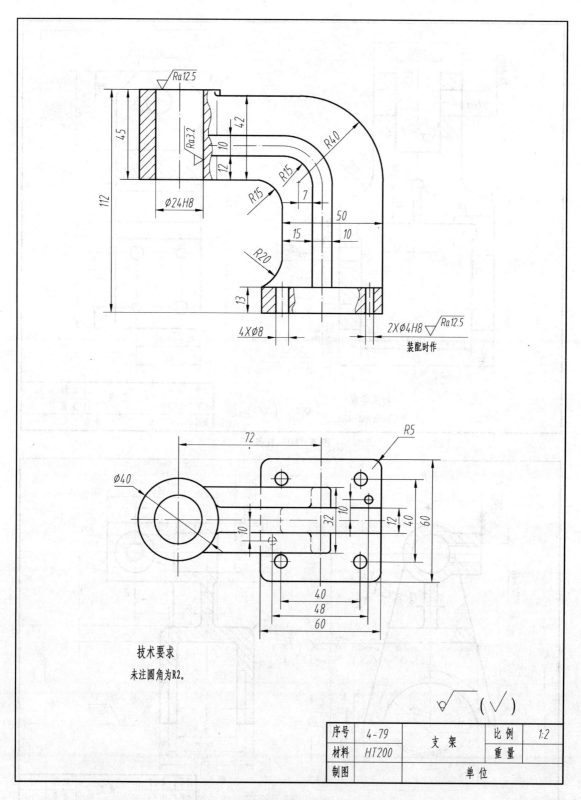

技术要求

未注圆角为R2。

序号	4-79	支架	比例	1:2
材料	HT200		重量	
制图		单位		

图 4-79 支架

125

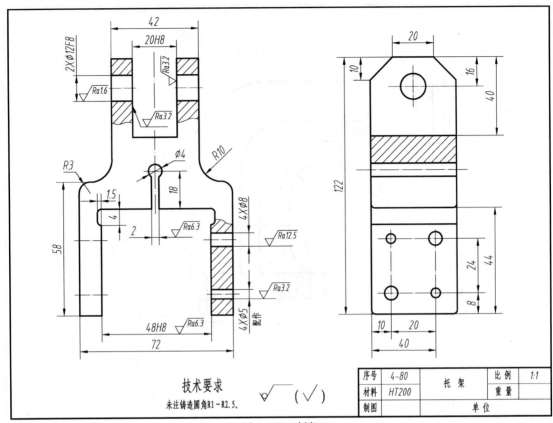

序号	4-80	托架	比例	1:1
材料	HT200		重量	
制图		单位		

技术要求

未注铸造圆角R1~R2.5。

$\sqrt{}(\sqrt{})$

图 4-80 托架

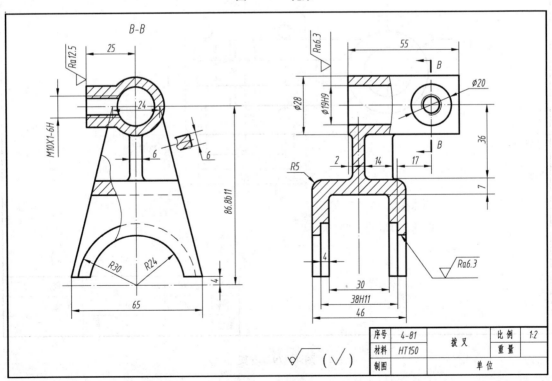

序号	4-81	拨叉	比例	1:2
材料	HT150		重量	
制图		单位		

$\sqrt{}(\sqrt{})$

图 4-81 拨叉

4.18　轴类结构及其表达

　　轴类零件一般由若干直径不等的同轴圆柱组成,通常还有一些键槽、销孔、凹坑、退刀槽、螺纹、倒角等结构。轴类零件一般采用一个反映轴向结构特征的主视图来表达,主视图中同时考虑键槽、凹坑等结构的表达,再采用断面图、局部剖视图、局部视图等来表达这些结构的截面形状。对退刀槽等细小结构可采用局部放大图表达。

　　如图 4-82 所示的轴,采用一个主视图表达轴的结构。将轴线水平放置,视图主要表达零件上各种直径的圆柱形状,也反映了上面的倒角、退刀槽、螺纹等结构。通过尺寸标注与视图的结合确定各种回转结构,视图简洁、结构形状明晰。

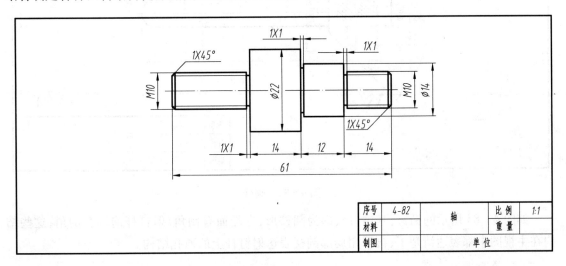

序号	4-82	轴	比例	1:1
材料			重量	
制图		单位		

图 4-82　轴

　　如图 4-83 所示的螺杆,将零件轴线水平放置,主视图表达了螺杆零件的各种直径的圆柱

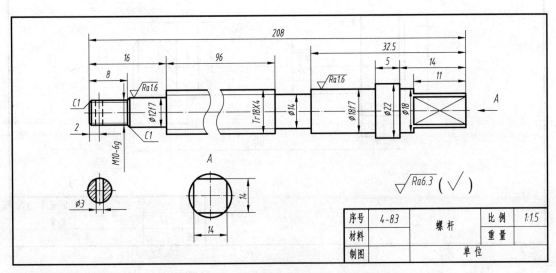

序号	4-83	螺杆	比例	1:1.5
材料			重量	
制图		单位		

图 4-83　螺杆

127

形状,也反映了上面的倒角、通孔、梯形螺纹和右端的平面结构等。梯形螺纹部分的尺寸较大,图中采用了断开画法。除主视图外,还用了一个移出断面图来表达左端的通孔结构,用 A 向局部视图表达右端的平面结构。

如图 4-84 所示的阀杆,只用了一个主视图,在左端采用了局部剖视以表达阀杆端部的结构形状。

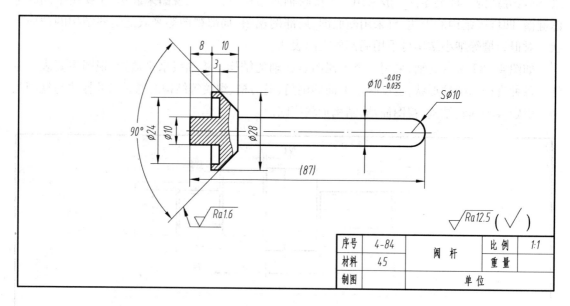

图 4-84 阀杆

如图 4-85 所示的销钉,其销钉头部为圆柱形,左端面有倒角,射钉杆前端有倒角,这些结构在主视图中都表达清楚了,再采用局部剖视表达射钉杆上的通孔结构。

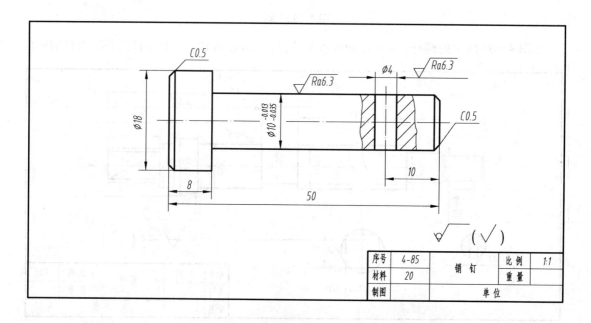

图 4-85 销钉

如图 4-86 所示的螺杆,其螺杆结构沿轴向从左到右依次有倒角 C1.5、螺纹 Tr16、退刀槽、轴肩 φ23.8、轴颈 φ13、螺杆头部等,主视图中采用局部剖视表达螺杆头部的螺纹孔结构,并用右视图表达头部右端的六角头外形。

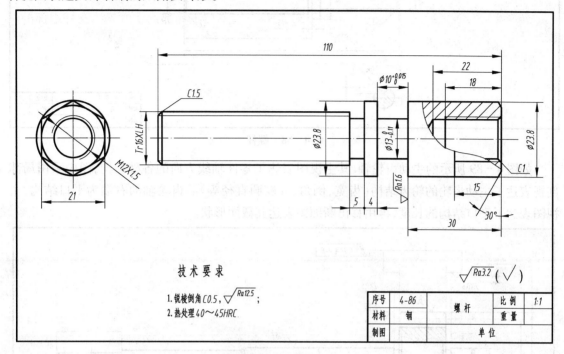

图 4-86　螺杆

如图 4-87 所示的阀杆,采用一个主视图表达阀杆各部分结构,并采用平面表示法表达出左端的四方形结构。

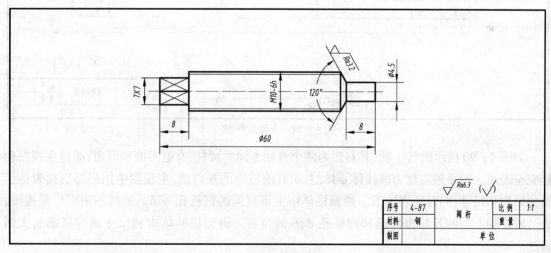

图 4-87　阀杆

如图 4-88 所示的螺杆,在主视图中用局部剖视表达出圆柱上的凹坑结构,并用移出断面图表达其截面形状。

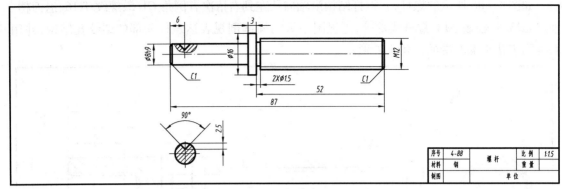

图 4-88 螺杆

如图 4-89 所示的主动齿轮轴,其主视图表达了零件轴线方向的各种结构,图中采用局部剖视表达了主动齿轮的轮齿结构(齿宽、倒角、分度圆直径等)。齿轮轴的右端为平口结构,主视图表达了平口结构的长度,再用移出断面图表达其截面形状。

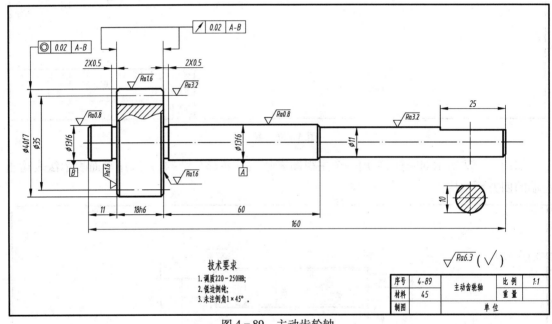

技术要求
1. 调质220~250HB;
2. 锐边倒钝;
3. 未注倒角1×45°.

图 4-89 主动齿轮轴

如图 4-90 所示的转子轴,其右侧为两个直径不同的圆柱,有退刀槽和倒角,通过主视图便能完全表达。转子轴左侧为圆柱体 φ48,左端有前后向的开口槽,主视图中用局部剖视表达了槽的结构和尺寸,同时还表达了左侧圆柱体中上下贯通的圆柱孔 φ16。俯视图采用局部视图,表达转子轴左侧的开口槽外形和圆柱孔 φ16 的位置。退刀槽的结构和尺寸通过局部放大图表达。

如图 4-91 所示的阀杆,沿轴线方向依次布置各种结构,其形状和尺寸基本在主视图中已表达清楚,其中还应用了平面符号表达左侧的平面段结构,并用断面图来表达其截面形状和标注尺寸。

如图 4-92 所示的从动轴,采用主视图加上两个断面图的画法,主视图表达零件沿轴向的结构分布,两个断面图分别表达轴上键槽的形状。

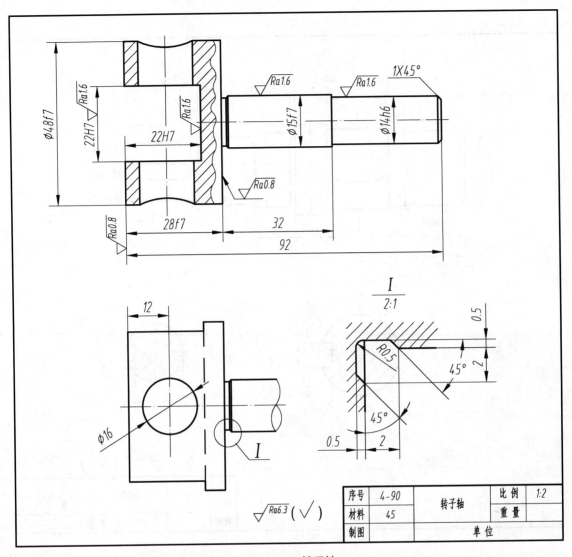

序号	4-90	转子轴	比例	1:2
材料	45		重量	
制图		单位		

图 4-90 转子轴

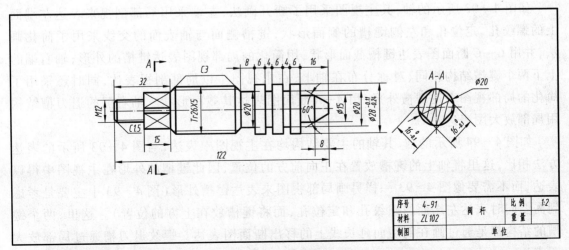

序号	4-91	阀杆	比例	1:2
材料	ZL 102		重量	
制图		单位		

图 4-91 阀杆

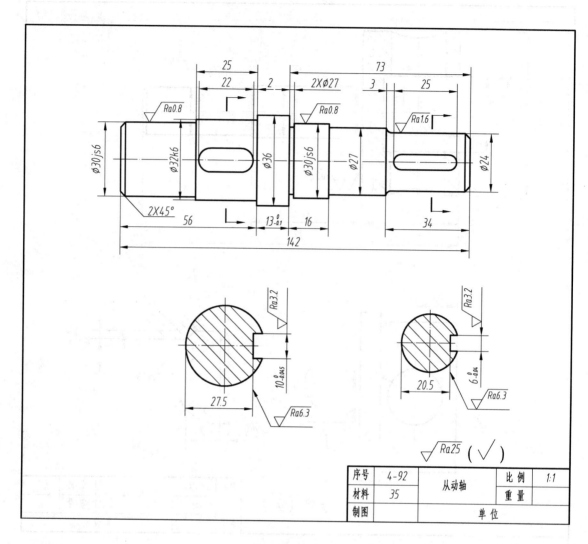

图 4-92 从动轴

　　如图 4-93 所示的轴,其主视图采用了断开画法,左端采用局部剖视来表达左端面上的螺纹孔、定位孔和左侧键槽的侧面形状,键槽侧面与轴表面的交线采用了简化画法,并用 C—C 断面图表达键槽截面形状,用简化的局部视图表达键槽的外形;轴右端的上下两个键槽结构相同、对称分布在轴上,在主视图中以局部剖视表达,同时还采用了简化的局部视图表达键槽外形,用 A—A 断面图表达其截面形状。轴右侧的退刀槽结构用局部放大图表达。

　　如图 4-94 所示的轴,其轴的主要结构均在主视图中表达,与图 4-93 所示的表达方法相比,这里将轴上的键槽放置在正向前方的位置,因此键槽的外形在主视图中得以表达,而不需要像图 4-93 一样另画局部视图来表达键槽外形(图 4-93 中主要是考虑到需要同时表达左端面的螺纹孔和定位孔,而将键槽放在上方的位置)。这里,两个键槽的结构都是通过画在剖切面延长线上的移出断面图表达。螺纹退刀槽通过局部放大图表达。

132

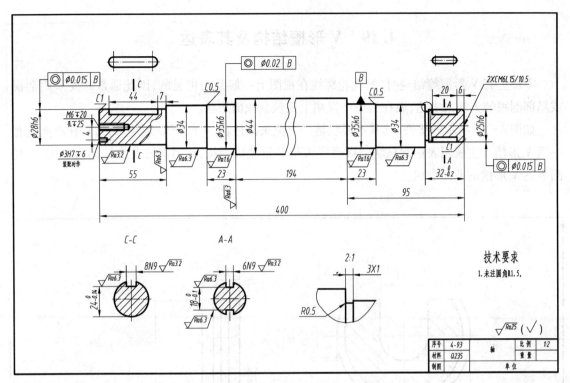

图 4-93 轴

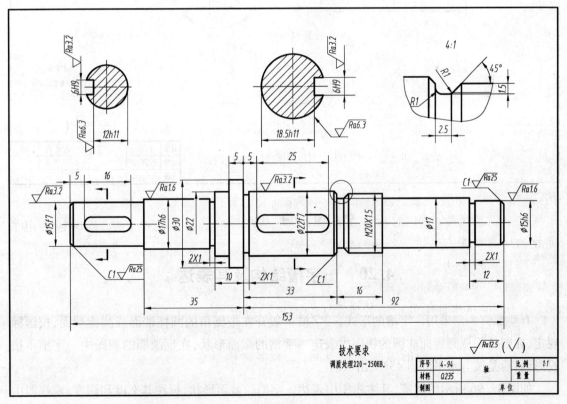

图 4-94 轴

4.19　V形槽结构及其表达

零件上有V形槽等结构时,槽底轮廓线在视图上一般是不可见的,因此通常需要采用剖视或局部剖视的方法来表达,而在另一个视图上反映其截面形状。

如图4-95所示的垫铁,其基本形状是一个截头圆柱块,中间有U形缺口,外圆柱表面上有一圈V形槽。主视图表达圆柱块的端面形状和U形缺口形状,并用剖视表达V形槽结构;左视图表达V形槽的截面形状。

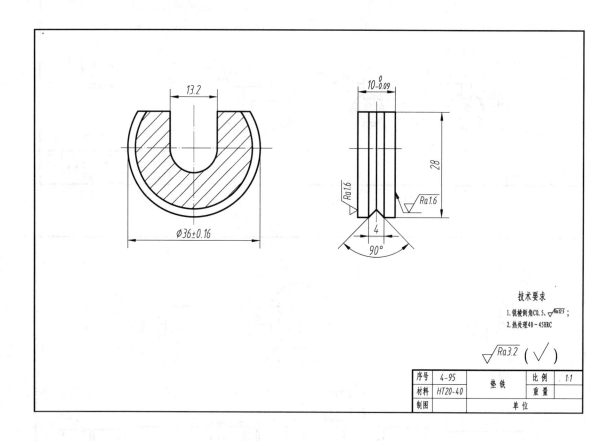

图4-95　垫铁

4.20　一字槽结构及其表达

有些螺钉头部采用一字槽的形式,一字槽一般开在带倒角的圆柱端面或圆锥端面,按国标规定,在圆柱面或圆锥面非圆的视图中表达一字槽的截面形状,在反映圆的视图中一字槽不按投影画,而是按与水平倾斜45°画出。

如图4-96所示的螺塞,其主视图中表达一字槽的截面形状,标注其宽度和深度;左视图中以45°画出一字槽的外形。

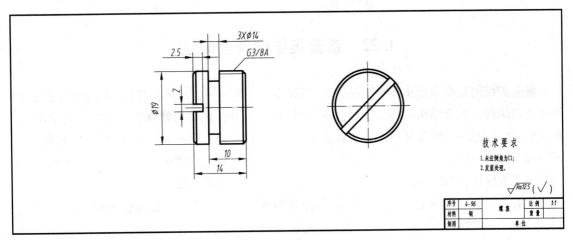

技术要求

1. 未注倒角为C1;
2. 发蓝处理.

序号	4-96	螺塞	比例	1:1
材料	铜		重量	
制图		单位		

图 4-96　螺塞

4.21　圆周上分布的异形槽结构及其表达

当零件上分布有异形槽或凸台结构时,一般在一个视图中表达其外形特征及与其他结构的相对位置,再用垂直该槽或凸台轮廓的剖切面作局部剖视图来表达它的截面形状。

如图 4-97 所示的托架,其圆弧形立板上有一个长圆形的弯曲凸台,并有类似形状的圆弧形通孔。主视图表达该凸台和通孔的外形及位置,再用 C—C 局部剖视图表达其截面形状。

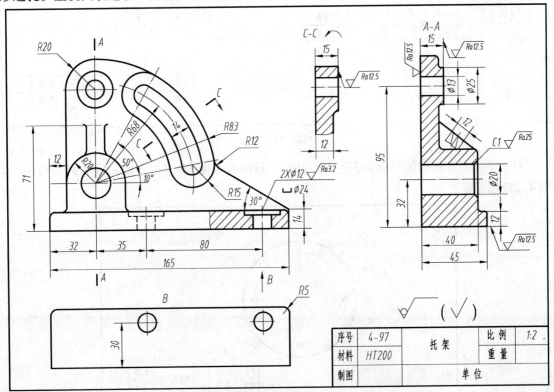

序号	4-97	托架	比例	1:2
材料	HT200		重量	
制图		单位		

图 4-97　托架

4.22 钣金类结构及其表达

钣金类结构是将薄金属板材通过剪裁、下料成一定形状后,经冲压、弯制等钣金加工形成各种需要的结构。钣金结构的特点是各处的材料厚度都一致,在弯折处就有一定的半径的圆角。表达钣金结构时除采用各种视图表达其成形后的结构形状外,还应画出它的展开图,以供剪裁下料或设计冲料模具之用。展开图可以单独画出,或用细双点画线结合在某一视图中画出,在展开图上方应标注"展开图"字样,并用细实线画出弯制时的弯折处。

如图 4-98 所示的支架,图中按投影规律分别画出了主视图、左视图、俯视图和 A—A 剖视图,表达了支架的各种结构。展开图表达了弯制前板材的形状。

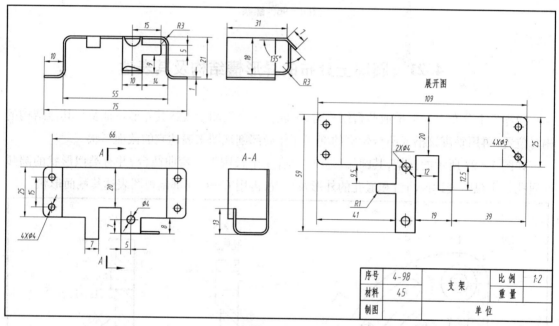

图 4-98 支架

对于整体厚度相同的钣金类零件,通常用"t"标注其厚度,而可以省略厚度方向的视图,如图 4-99 所示。

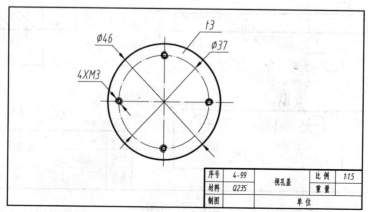

图 4-99 视孔盖

136

4.23　平面上多种孔分布的结构及其表达

当零件一个平面上有多种不同结构的孔分布时,一般选用几个平行的剖切平面分别通过各种孔的回转轴线将其剖切表达。

如图 4－100 所示的底座,其主视图采用三个平行剖切面的 *A—A* 全剖视,表达底座主体上的沉孔、螺纹孔和光孔结构,俯视图表达主体的外形和前后外伸的耳环结构的外形。而耳环的截面形状则单独用 *B—B* 局部剖视图表达。

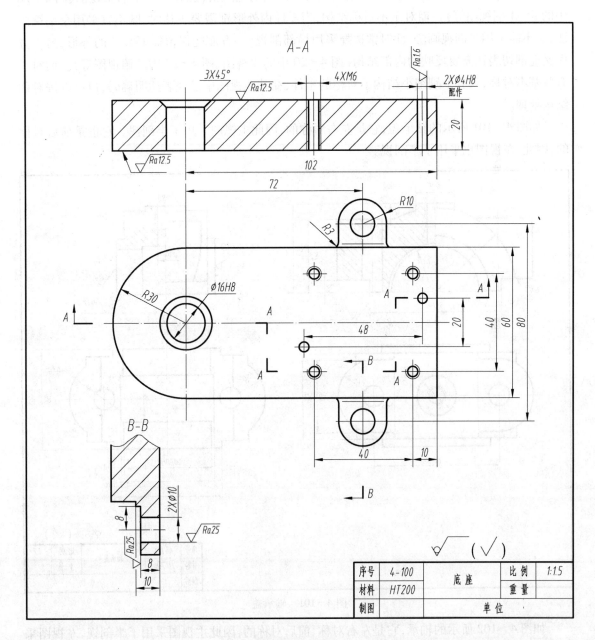

图 4－100　底座

4.24 对称结构与不对称结构及其表达

零件上结构对称与不对称是零件结构的主要特征之一,也是选用不同表达方法的重要根据。对于对称结构通常可采用半剖视画法以同时表达外形和内部结构(图 4 − 19 中的俯视图、图 4 − 7 和图 4−36 中的主视图等),或采用简化画法以节省图纸空间(图 4 − 5 中的 B 向视图,图 4 − 6 中的俯视图等),有时,如果零件外形简单或已在其他视图中表达清楚,为保持视图的完整性或方便标注尺寸和表达要求,对称结构也可以按全剖视画出(图 4 − 19 中的主视图、图 4 − 20 中的 A—A 剖视图等)。而对于不对称结构,当零件内外形都需要表达时,既不宜采用全剖视画法,又不能采用半剖视画法,此时常选择采用局部剖视,一方面能保留需要表达的外形,另一方面又能剖切表达需要反映的内部结构(图 4 − 20 中的主视图、图 4 − 22 中的俯视图等)。而对于有些基本对称,只有个别细小结构不对称的零件,在其他视图中已经表达明确时,也可以按对称结构处理。

如图 4 − 101 所示的轴承盖,它是左右对称的,因此主视图采用了半剖视。它也是前后对称的,因此,左视图也采用了半剖视。

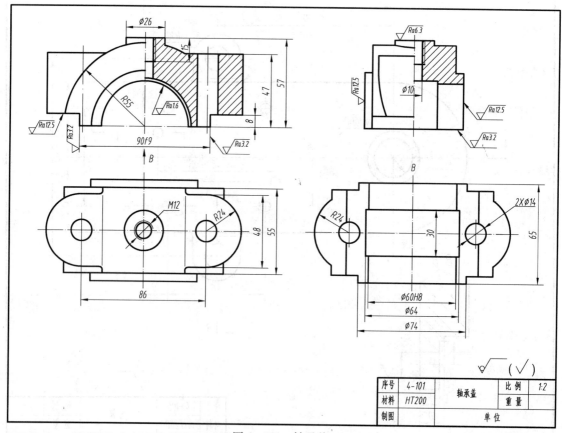

图 4 − 101 轴承盖

如图 4 − 102 所示的轴承,它是左右对称、前后对称的,因此主视图采用了半剖视,左视图采用两个平行剖切平面的 A—A 半剖视。俯视图采用基本视图表达零件外形。

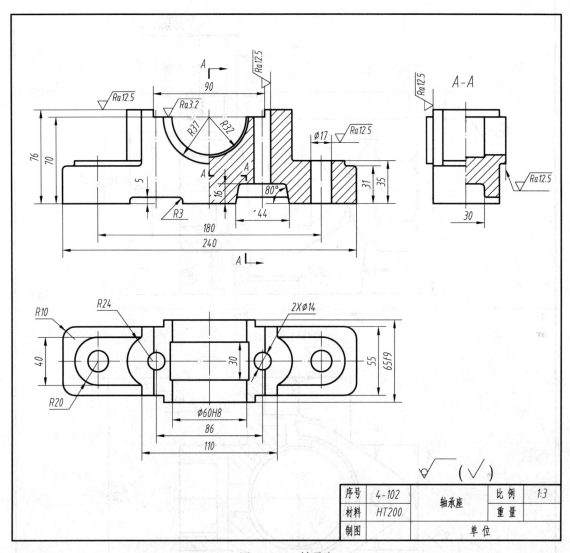

序号	4-102	轴承座		比 例	1:3
材料	HT200			重 量	
制图		单 位			

图 4-102 轴承座

如图 4-103 所示的阀体,它是左右对称的,因此主视图和俯视图都采用了半剖视。其实它也是前后对称的,因此,俯视图也可以采用剖开前一半的半剖视。

如图 4-104 所示的塞子,它是左右对称的,又有内部结构需表达,但考虑保留上杆结构的完整性,主视图没有采用半剖视,而是采用局部剖视来表达。

如图 4-105 所示的阀杆,与图 4-104 一样,主视图采用局部剖视表达阀杆体的内部空腔结构,同时保留了杆左端的平面结构。阀杆体内腔设计有一个 45°隔板,其结构通过 A—A 剖视图表达;杆左端截面形状通过断面图表达,杆体周边均布四个方孔,方孔形状尺寸通过 B 向局部视图表达。

如图 4-106 所示的端盖,其结构大体上是左右对称的,只有上顶面凸台结构左右不对称。该凸台的外形轮廓在俯视图中已表达清楚,其上凸轮廓在主视图的外轮廓中也表达清楚了,因此主视图中将端盖视为左右对称结构,采用半剖视来表达。

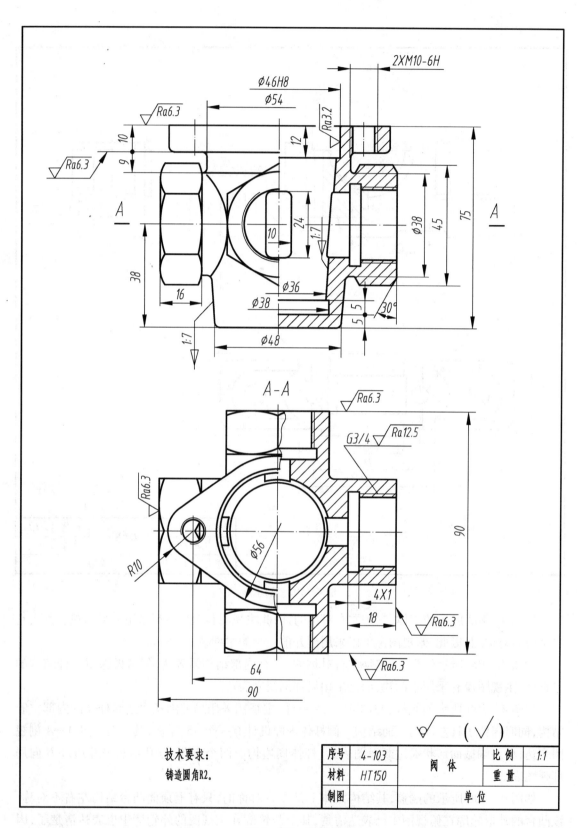

技术要求：
铸造圆角R2。

序号	4-103	阀 体		比例	1:1
材料	HT150			重量	
制图		单 位			

图 4-103 阀体

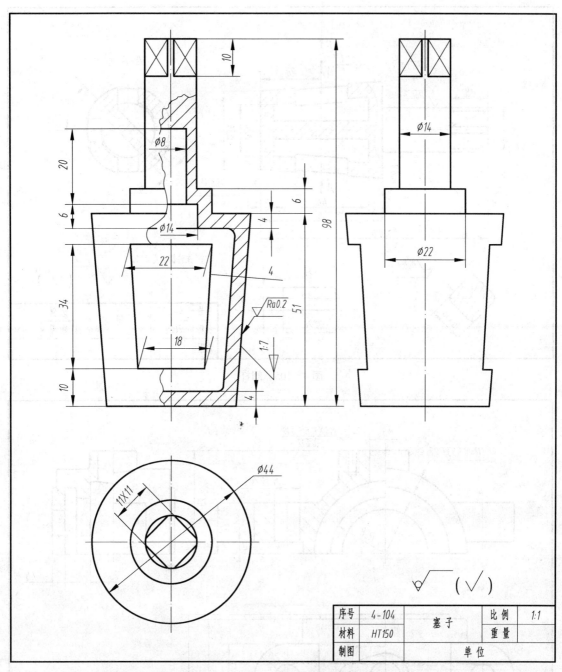

图 4 - 104 塞子

　　如图 4 - 107 所示的箱体,其形状大体是前后对称的,只有左侧的前后箱壁上的凸台和通孔是不对称的,后壁上有一个内凸的凸台 $\phi9$,上有通孔 $\phi4$,前壁上有一个外凸的方形台,上有两个螺纹孔 M3 和一个通孔 $\phi8$。主视图采用 $A—A$ 全剖视图,表达箱体主要结构的外形轮廓和内部结构;左视图表达箱体外形和左端面形状和四个 M2 安装螺纹孔的位置;俯视图采用局部剖视,未剖部分表达上顶面外形和四个均布螺纹孔的位置,剖开部分主要表达箱体前后壁的壁厚结构和两个凸台和通孔的结构;前壁上的方形凸台的外形用 C 向局部视图表达。

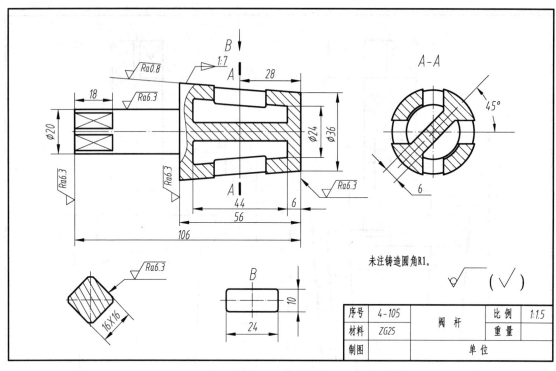

序号	4-105	阀 杆	比例	1:1.5
材料	ZG25		重 量	
制图		单 位		

图 4－105　阀杆

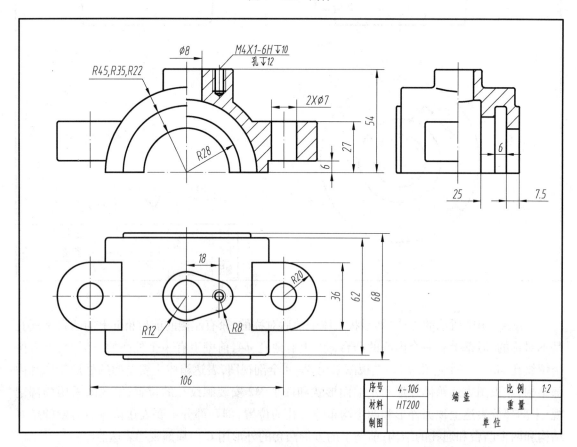

序号	4-106	端 盖	比例	1:2
材料	HT200		重 量	
制图		单 位		

图 4－106　端盖

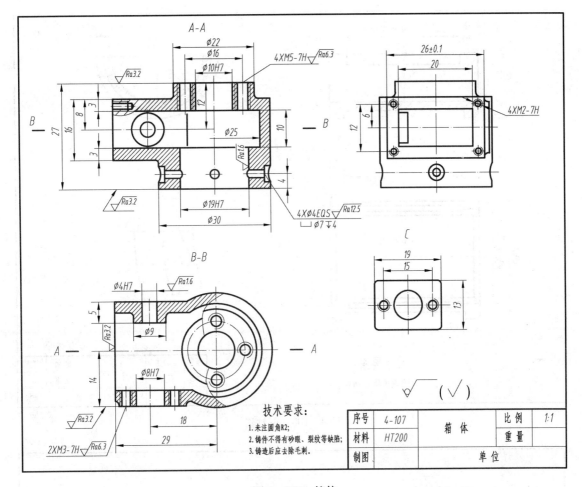

图 4 - 107　箱体

4.25　衬套类结构及其表达

为保证较高的配合精度和耐磨强度,通常在转动轴与滑动轴承之间设计有衬套零件,衬套零件可能是薄壁圆柱环结构,也可能设计成两个分开的半圆环结构,衬套结构上一般还有用于定位、密封的结构。衬套类零件在表达时,一般用剖视表达其沿轴向分布的圆柱孔表面和定位、密封结构,在另一视图中表达这些结构的外形,对细小的结构还需要用局部放大图来表达。

如图 4 - 108 所示的下衬套,其基本结构为半圆柱壳,在机器设备中与图 4 - 109 所示的上衬套零件配套使用,起承载旋转轴的作用。图中,主视图采用全剖视表达衬套的壁厚结构和两侧的凸缘结构;左视图采用全剖视表达衬套外形和截面形状、沟槽结构等;俯视图表达衬套的整体形状和沟槽形状、位置;沟槽截面形状和尺寸用局部放大图表达。

如图 4 - 109 所示的上衬套,在机器设备中与图 4 - 108 所示的下衬套零件配套使用,起承载旋转轴的作用。基本结构也是半圆柱壳,图中,主视图采用全剖视表达衬套的壁厚结构、左右两侧的凸缘结构、顶部的沟槽形状和通孔结构、前后两侧的沟槽形状等;左视图采用全剖视表达衬套外形和截面形状、顶部沟槽和通孔截面形状、两侧沟槽的截面形状等;A 向视图表达衬套的整体形状和沟槽形状、位置。

143

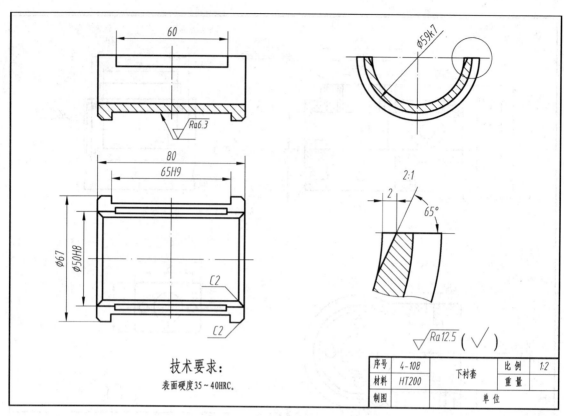

技术要求：

表面硬度35～40HRC。

序号	4-108	下衬套	比 例	1:2
材料	HT200		重 量	
制图		单 位		

图 4-108　下衬套

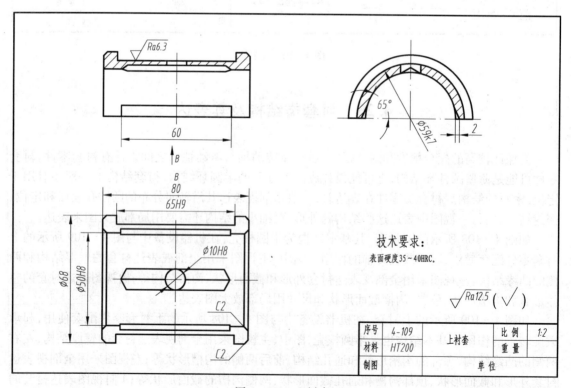

技术要求：

表面硬度35～40HRC。

序号	4-109	上衬套	比 例	1:2
材料	HT200		重 量	
制图		单 位		

图 4-109　上衬套

第5章 装配图的绘制

5.1 装配图概述

装配图是表达机器或部件的结构形状、工作原理、各零件之间的连接装配关系以及技术要求的图样。

一张完整的装配图一般包括：运用零件的各种表达方法来表达机器或部件的工作原理、各零件间的装配关系、连接方式和主要零件的结构形状的一组视图；反映机器或部件的规格（性能）尺寸、零件之间的配合尺寸、外形尺寸、安装尺寸和其他重要尺寸；用文字或符号说明机器或部件在装配、试验、安装、使用和维修等方面的技术要求；标题栏、零部件序号和明细栏等。

如图 5-1 所示的齿轮泵的装配图，采用了主视图、左视图和俯视图。主视图采用全剖视，

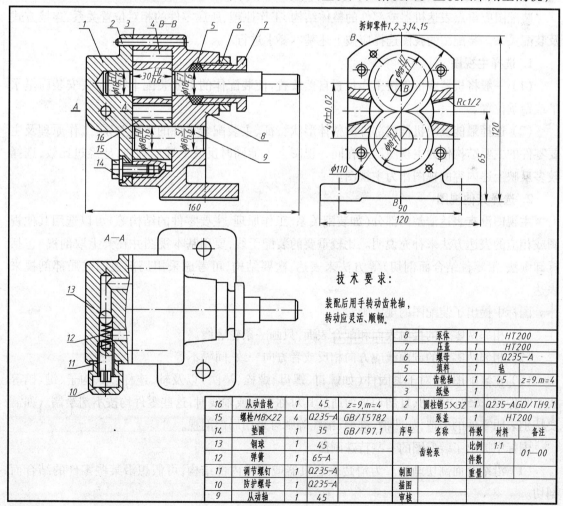

技术要求：

装配后用手转动齿轮轴，
转动应灵活、顺畅。

序号	名称	件数	材料	备注
16	从动齿轮	1	45	z=9,m=4
15	螺栓M8×22	4	Q235-A	GB/T5782
14	垫圈	1	35	GB/T97.1
13	钢球	1	45	
12	弹簧	1	65-A	
11	调节螺钉	1	Q235-A	
10	防护螺母	1	Q235-A	
9	从动轴	1	45	

8	泵体	1	HT200	
7	压盖	1	HT200	
6	螺母	1	Q235-A	
5	填料	1	毡	
4	齿轮轴	1	45	z=9.m=4
3	纸垫	1		
2	圆柱销5×32	1	Q235-AGD/TH9.1	
1	泵盖	1	HT200	
序号	名称	件数	材料	备注

齿轮泵	比例	1:1	01—00
	件数		
制图	重量		
描图			
审核			

图 5-1 齿轮泵装配图

145

表达齿轮泵的主要装配干线、工作位置、主要零件的装配关系;左视图采用拆去部分零件后投影和局部剖,反映齿轮泵进出油口及一对传动齿轮的工作原理、齿轮泵的外形及安装底板上安装孔的尺寸;俯视图表达泵体外形,并用 A—A 局部剖视表达了防护螺母、调节螺钉、弹簧和钢球等零件的装配关系。

如图 5-1 中的长度 160、宽度 120 及高度 120 是外形尺寸;两孔的中心距 90 是安装尺寸;$\Phi 30H7/h6$ 是配合尺寸;高度尺寸 65 是规格尺寸。

图 5-1 中用文字单独注明的齿轮泵的技术要求,在右下角有标题栏和明细栏。

5.2 装配图的视图表达方法

视图、剖视图、断面图以及局部放大图等各种表达方法,在表达机器或部件的装配图中同样适用。装配图主要用来表达机器的工作原理、装配关系、连接方式以及主要零件的结构形状,因此针对装配图的特点,为了清晰又简便地表达出部件的结构,国标中针对装配图提出了以下一些规定画法和特殊的表达方法。

装配图应重点表达机器或部件的整体结构、工作原理、所属零件的相对位置关系、连接方式及装配关系。装配图的视图选择应按下述基本要求进行。

1. 选择主视图

(1) 一般将机器或部件按工作位置自然放置,使装配体的主要装配干线、主要安装面呈水平或铅垂位置。

(2) 选择最能反映机器或部件的整体形状特征、主装配线零件的装配关系、工作原理及主要零件的主要结构作为主视图。当在同一视图上不能同时反映上述内容时,应经过比较,选择较多反映上述内容的视图作为主视图。

2. 选择其他视图

主视图没有表达清楚的部分(如装配关系、工作原理、主要零件的结构等)可以选用其他视图或相应的表达方法来补充说明。比较重要的装配干线,要用基本视图并在其上取剖视(包括拆卸画法、沿零件结合面剖切)等方法来表达;次要结构,可考虑采用局部视图或局部剖视来表达。

国标中提出了装配图的规定画法。

(1) 相邻两零件的接触表面和配合表面,只画一条轮廓线。

(2) 相邻两零件的剖面线应方向相反或者方向一致、间隔不等。

(3) 在装配图中,对于紧固件(如螺钉、螺母、螺栓、垫圈)以及轴、连杆、球、钩子、键、销等实心零件,若按纵向剖切,且剖切平面通过其对称平面或轴线时,这些零件均按不剖绘制。如需要特别表明零件的构造,如凹槽、键槽、销孔等则可采用局部剖视。

国标中提出了装配图的一些特殊画法。

(1) 沿结合面剖切画法。为清楚表达机器或部件内部结构,可假想沿某些零件的结合面剖切。

(2) 拆卸画法。当某些零件在装配图的某一视图中遮住了大部分装配关系或其他零件时,或某零件无需重复表达时,可假想将其拆去,只画出所需表达部分的视图。

(3)假想画法。为了表示运动零件的极限位置或与部件有装配关系但又不属于该部件的其他相邻零件,可以用双点画线画出其轮廓。

(4)夸大画法。对于薄片零件、细丝弹簧、微小间隙等,若按它们的实际尺寸在装配图中很难画出或难以清晰表示时,均允许将该部分不按比例而夸大画出。

(5)简化画法。

① 装配图中,零件的工艺结构,如圆角、倒角、退刀槽、凹坑、凸台、拔模斜度等可省略不画。

② 对于若干相同的零件组,如螺栓连接,可详细地画出一组或几组,其余只需用点画线表示其装配位置即可。

滚动轴承等零部件,在剖视图中可按轴承的规定画法画出。

5.3 画装配图的方法和步骤

根据部件所属的零件图和部件的工作原理,可以拼画出部件的装配图。下面以图 5 - 2 所示的球阀为例,说明画装配图的方法和步骤。

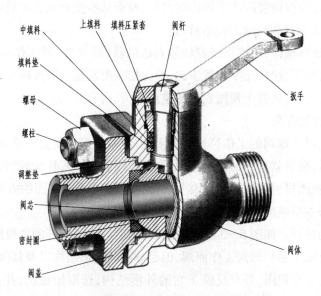

图 5 - 2 球阀的轴测图

1. 分析部件的装配关系和工作原理

画装配图之前,必须对所画部件进行仔细观察和分析,了解部件的工作原理、结构性能、装配关系、使用情况,以及各零件及其表面间的作用。

阀的形式很多,球阀是阀的一种,它的阀芯是球形的。球阀是安装在管路中,用于启闭和调节流体流量的部件。

该球阀的装配关系:阀体和阀盖均带有方形的凸缘,它们用四个双头螺柱和螺母连接,用调整垫片调节阀芯与密封圈之间的松紧程度。在阀体上有阀杆,阀杆下部有凸块,榫接阀芯上的凹槽中。为了密封,在阀体与阀杆之间加进填料垫、填料旋入填料压紧套压紧。

该球阀的工作原理是:扳手的方孔套进阀杆上部的四棱柱。当扳手处于图5-2所示的位置时,阀门全部开启,管道畅通;当扳手按顺时针方向旋转90°时,阀门全部关闭,管道断流。

2. 确定表达方案

1) 装配图的视图选择原则

装配图的视图必须清楚地表达机器(或部件)的工作原理,各零件之间的相对位置和装配关系,以及尽可能表达出主要零件的基本形状。因此,在确定视图表达方案之前,要详细了解该机器或部件的工作情况和结构特征。

选择装配图的表达方案,要首先确定主视图,主视图的选择一般应满足下列要求:

(1) 按机器(或部件)的工作位置放置,使装配体的主要轴线及安装面呈水平或铅垂位置;当工作位置倾斜时,可将它摆正,使主要装配轴线、主要安装面处于特殊位置。

(2) 能较好地表达机器(或部件)的结构特征、工作原理和传动路线。

(3) 能较好的表达主要零(部)件的相对位置和装配关系,以及主要零件的主要形状。

根据装配图的内容和要求,在选择主视图时应着重考虑工作位置和部件特征。

主视图确定以后,应根据装配图所表达的内容,检查那些没有表达或尚未表达清楚的部分,确定其他视图,各视图应有其明确的表达目的。

总之,装配图的视图选择,主要围绕着如何表达机器(或部件)的工作原理和装配关系来进行。而在表达各条装配干线时,还要分清主次,首先把主要装配干线反映在基本视图上,然后考虑如何表示局部装配关系,使各个视图表达的重点突出、内容明确。

2) 球阀的视图表达方案

(1) 主视图的选择。球阀的工作位置情况多变,但一般都是将其通路放成水平位置。当部件的工作位置确定后,接着就选择部件的主视图方向。经过比较,作为球阀,一般将其通径 $\phi20$ 的轴线水平放置,主视图投射方向选择垂直于阀体两孔轴线所在平面的方向,采用全剖视图来表达球阀阀体内两条主要装配干线,如图5-3所示。

(2) 其他视图的选择。如图5-3所示,球阀沿前后对称面剖开的主视图,虽然清楚地反映了各零件间和主要装配关系和球阀工作原理,但是球阀的外形结构以及其他一些装配关系还没有表达清楚。于是选取左视图,补充反映了它的外形结构;选取俯视图,并作 B—B 局部剖视,反映扳手与定位凸块的关系。

3. 画装配图

确定球阀的视图表达方案后,可按下列步骤画出装配图。

(1) 选比例、定图幅,画出图框、标题栏和明细栏。根据所确定的视图表达方案,以及部件的大小和复杂程度,确定合适的比例和图幅。图幅的选择不仅要考虑到各视图所占的面积,还要考虑标题栏、明细栏、尺寸标注及注写技术要求所占的面积。当确定图纸幅面后,画图框、标题栏和明细栏。

(2) 布置视图。首先画出各视图主要装配干线、对称中心线及主要零件的基准线。要注意为标注尺寸及编号留出足够的地方。布图应力求匀称、美观,如图5-3(a)所示。

（3）画主要轮廓线。先从主视图开始,配合其他视图,画出阀体的外部轮廓。按装配干线的顺序一件一件地将零件画入,可由外向内或由内向外画。由外向内画时,由于内部零件在视图中被遮挡,内部结构线可用 H 铅笔画成底稿线,待装入内部零件后,再擦去不必要的图线,避免做重复的工作,如图 5-3(b)、(c)、(d)所示。

（4）完成底稿后,经校核加深,画剖面线,注上尺寸及公差配合,写出技术要求,编写零、部件序号,最后填写明细栏及标题栏,即完成装配图,如图 5-4 所示。

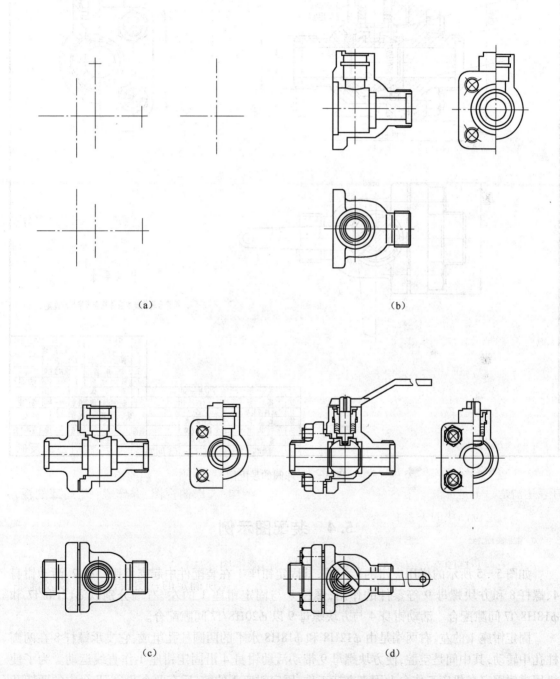

（a）

（b）

（c）

（d）

图 5-3　画装配图视图底稿的步骤

149

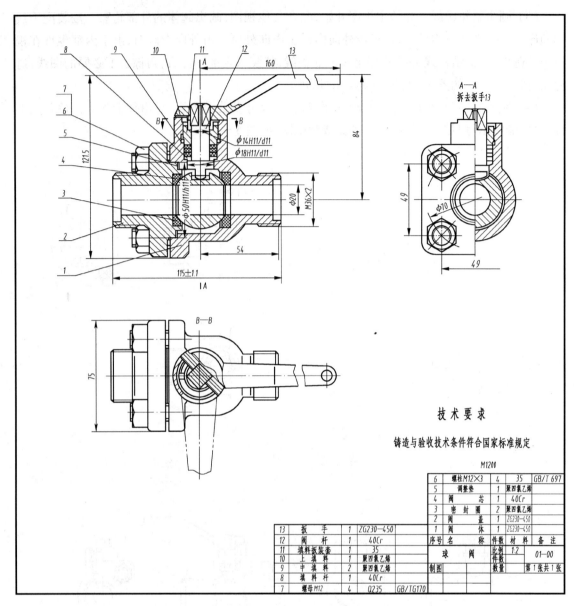

图 5-4 球阀的装配图

6	螺柱M12×3	4	35	GB/T 697
5	调整垫	1	聚四氯乙烯	
4	阀 芯	1	40Cr	
3	密封圈	2	聚四氯乙烯	
2	阀 盖	1	ZG230-450	
1	阀 体	1	ZG230-450	

13	扳 手	1	ZG230-450	
12	阀杆	1	40Cr	
11	填料扳装套	1	35	
10	上 填料	1	聚四氯乙烯	
9	中 填料	2	聚四氯乙烯	
8	填料杆	1	40Cr	
7	螺母M12	4	Q235	GB/TG170
序号	名 称	件数	材料	备注

球 阀	比例	1:2	01-00
	件数		
制图	数量		第1张共1张

技 术 要 求

铸造与验收技术条件符合国家标准规定

M1200

5.4 装配图示例

如图5-5所示的机用虎钳的装配图,其固定钳座1在装配件中起支承钳口板2、活动钳身
4、螺杆8和方块螺母9等零件的作用,螺杆8与固定钳座1的左、右端分别以 φ12H8/f7 和
φ18H8/f7 间隙配合。活动钳身4与方块螺母9以 φ20H8/f7 间隙配合。

固定钳座1的左、右两端是由 φ12H8 和 φ18H8 水平的两圆柱孔组成,它支承螺杆8在两圆
柱孔中转动,其中间是空腔,使方块螺母9带动活动钳身4沿固定钳座1作直线运动。为了使
机用虎钳固定在机床工作台上用来夹持工件,固定钳座1的前、后有两个凸台,凸台中的两圆孔
2×φ11 的中心距为114。

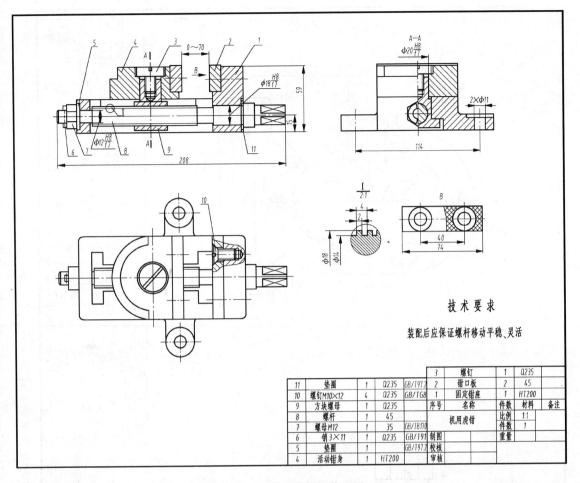

图 5－5　机用虎钳的装配图

　　主视图采用全剖视图,表达了沿螺杆 8 轴线的装配干线上的主要零件及装配关系;左视图采用 A—A 半剖视图,表达螺钉 3 和方块螺母 9 的装配关系;俯视图主要表达各零件外形和位置,并用局部剖视表达了螺钉 10 的装配关系;B 向视图表达了钳口板 2 的结构形状,钳口板 2 宽为 74,两孔中心距为 40;局部放大图 I 表达螺杆 8 的结构尺寸。

　　如图 5－6 所示的齿轮油泵装配图,其主视图采用两个相交剖切面的 A—A 全剖视,表达出了全部 15 种零件的主要形状、位置和装配关系;左视图采用沿结合面的半剖视画法,表达了两个齿轮的啮合关系和与泵体内腔的装配关系,并用局部剖视分别表达了油孔结构和底板上的安装孔结构。

　　如图 5－7 所示的汽缸装配图,汽缸共有 13 种零件,活塞杆轴线是其装配干线,主视图采用两相交剖切面的 A—A 全剖视图,表达了各零件的相对位置和装配关系;左视图表达汽缸侧面外形和总体尺寸、规格尺寸、安装尺寸等;B 向局部视图表达前盖 3 上的气孔结构;C 向和 D 向局部视图分别表达前盖和后盖的安装开槽的结构。

　　如图 5－8 所示的冷气开关装配图,共包括 16 种零件,零件主要沿轴 6 的轴线展开,主视图采用半剖视图,表达了各种零件的外形和相对位置、装配关系等;左视图采用拆去画法,表达了开关的主体侧面外形;另用一个 A 向视图单独表达转柄 1 和标牌 2 的外形。

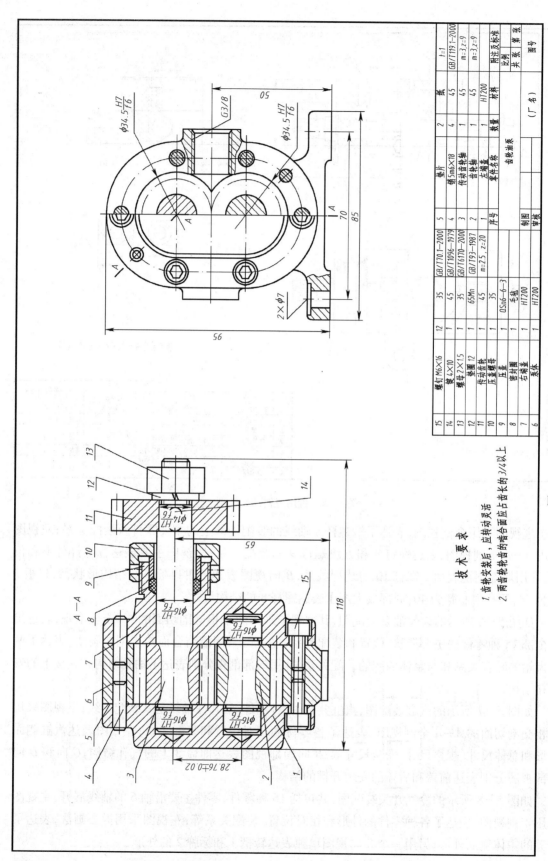

图 5-6 齿轮油泵装配图

152

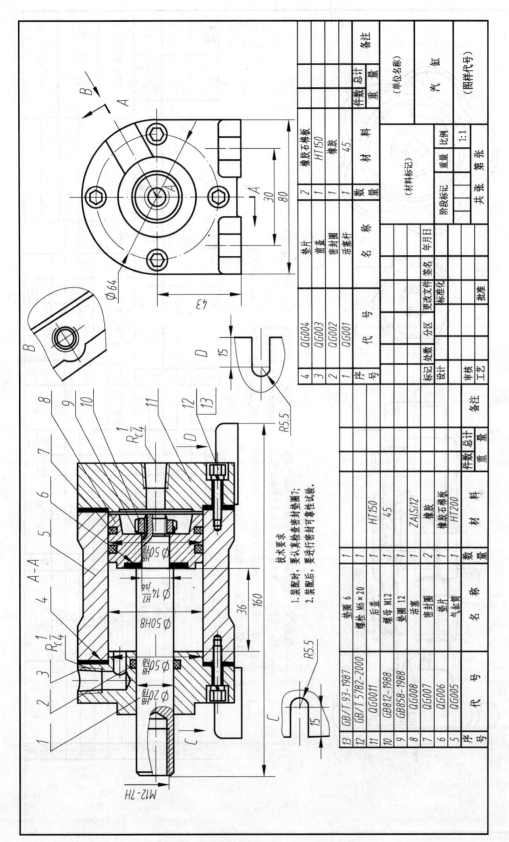

图 5-7　汽缸装配图

技术要求

1. 装配时，要认真检查密封装圈7；
2. 装配后，要进行密封可靠性试验。

4	QG004	垫片	橡胶石棉板	2		
3	QG003	后盖	HT150	1		
2	QG002	密封圈	橡胶	1		
1	QG001	活塞杆	45	1		
序号	代号	名称	材料	数量	件数 总计 重量	备注

13	GB/T 93-1987	垫圈 6		1		
12	GB/T 5782-2000	螺栓 M6×20		1		
11	QG0011	后盖	HT150	1		
10	GB812-1988	螺母 M12		1		
9	GB858-1988	垫圈 12		1		
8	QG008	活塞	ZAlSi12	1		
7	QG007	密封圈	橡胶	1		
6	QG006	垫片	橡胶石棉板	2		
5	QG005	气缸筒	HT200	1		
序号	代号	名称	材料	数量	件数 总计 重量	备注

153

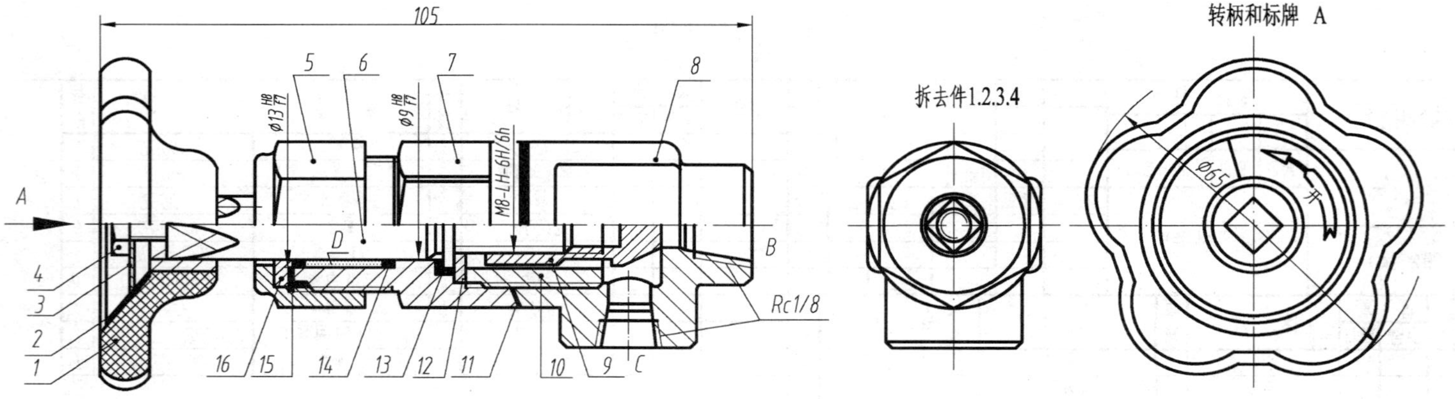
105
A
B
C
D
Rc1/8
M8-LH-6H/6h
φ13 H8/f7
φ9 H8/f7
1
2
3
4
5
6
7
8
9
10
11
12
13
14
15
16
拆去件1.2.3.4
转柄和标牌 A
φ65
开

技术要求

1. 强度试验：堵住管嘴B打开开关，从C输入22.5MPa液体，保持3min，壳体及各处不允许有变形和裂纹。

2. 活门气密性：关闭开关，从B输入13～15MPa气体，保持5min，管嘴不允许漏气。

3. 外部气密性：堵住管嘴B打开开关，从管嘴C输入13～15MPa气体，保持5min，各处不允许漏气。

4. D处注入滑油与汽油的混合液，距端面4毫米处为止。

序号	代号	名称	数量	材料	件数重量	总计重量	备注
16		封严垫圈	1	LY11-CZ			
15		垫圈	1	L4-M			
14		胶圈	2	橡胶5171			
13		垫圈	1	QAL9-4			
12		垫圈	1	1Cr18Ni9Ti			
11		垫圈	1	LF21-M			
10		连接套	1	LY11-CZ			
9		活门	1	45			镀锌5—10
8		壳体	1	LY11-CZ			
7		左壳体	1	LY11-CZ			
6		轴	1	4Cr13			
5		螺母	1	45			镀锌

序号	代号	名称	数量	材料	件数重量	总计重量	备注
4		螺母	1	45			镀锌
3		垫片	1	20			
2		标牌	1	LY12-M			
1		转柄	1				组合件

标记	处数	分区	更改文件	签名	年月日	(材料标记)	(单位名称)
设计			标准化			阶段标记 / 重量 / 比例	冷气开关
审核						共 张 第 张	(图样代号)
工艺			批准				

图 5－8　冷气开关装配图

参 考 文 献

[1] 谭建荣,张树有,陆国栋,等.图学基础教程[M].北京:高等教育出版社,1999.
[2] 何铭新,钱可强.机械制图[M].北京:高等教育出版社,2004.
[3] 郭克希,王建国.机械制图[M].北京:机械工业出版社,2011.
[4] 王兰美,殷昌贵.画法几何及机械制图[M].北京:机械工业出版社,2011.
[5] 欧阳清.工程制图基础[M].武汉:中国地质大学出版社,2006.
[6] 欧阳清,施冠羽,陈军.舰船工程制图[M].北京:国防工业出版社,2012.
[7] 中华人民共和国国家标准　技术制图[S].北京:中国标准出版社,2004.
[8] 中华人民共和国国家标准　机械制图[S].北京:中国标准出版社,1999.

责任编辑：肖　姝　　xiaoshu_0926@163.com
责任校对：苏向颖
封面设计：王晓军

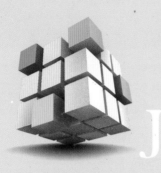

机械制图绘图技能
与实例解析

JIXIE ZHITU HUITU JINENG
YU SHILI JIEXI

▶ 上架建议：机械制图 ◀

http://www.ndip.cn

ISBN 978-7-118-09480-0

9 787118 094800 >

定价：32.00元

应用型本科规划教材

第三版

DANPIAN WEIXING JISUANJI
YUANLI HE YINGYONG

单片微型计算机原理和应用

蔡菲娜 主编

ZHEJIANG UNIVERSITY PRESS
浙江大学出版社